高等职业教育系列教材

西门子 S7-300 PLC 基础与应用
第 2 版

主　编　吴　丽

副主编　葛芸萍

U0245501

机 械 工 业 出 版 社

本书以实际工程应用和便于教学使用为出发点，以西门子 S7-300 系列可编程序控制器（简称为 PLC）为蓝本，主要介绍可编程序控制器的特点、结构组成、工作原理、内部存储区、指令系统、程序结构、编程软件使用、编程规则与技巧、控制系统设计与应用技术等。

　　本书以工作过程为导向安排内容，尽可能做到语言简捷、内容丰富、实用性强、理论联系实际，详细叙述了 PLC 的应用技术，并通过大量工程案例介绍 PLC 的设计方法和安装技巧。大部分章节都有相关技能训练，以突出实践技能和应用能力的培养。

　　本书适合作为电气自动化、楼宇智能化、机电一体化、机械设计与制造及其相关专业"PLC 基础与应用"课程的教学用书，也可作为电气技术人员的参考书和培训教材。

　　本书配有授课电子课件，需要的教师可登录 www.cmpedu.com 免费注册，审核通过后下载，或联系编辑索取（QQ: 1239258369，电话: 010-88379739）。

图书在版编目（CIP）数据

西门子 S7-300 PLC 基础与应用 / 吴丽主编. —2 版. —北京：机械工业出版社，2015.8（2020.9 重印）

高等职业教育系列教材

ISBN 978-7-111-50675-1

Ⅰ. ①西… Ⅱ. ①吴… Ⅲ. ①可编程序控制器－高等职业教育－教材 Ⅳ. ①TM571.6

中国版本图书馆 CIP 数据核字（2015）第 142901 号

机械工业出版社（北京市百万庄大街 22 号　邮政编码 100037）
责任编辑：李文轶　　　责任校对：张艳霞
责任印制：李　昂

北京机工印刷厂印刷

2020 年 9 月·第 2 版第 6 次印刷
184mm×260mm · 14.5 印张 · 356 千字
10601－11600 册
标准书号：ISBN 978-7-111-50675-1
定价：36.00 元

电话服务	网络服务
客服电话：010-88361066	机 工 官 网：www.cmpbook.com
010-88379833	机 工 官 博：weibo.com/cmp1952
010-68326294	金 书 网：www.golden-book.com
封底无防伪标均为盗版	机工教育服务网：www.cmpedu.com

前　言

可编程序控制器（简称为 PLC）是以微处理器为基础，综合了计算机技术、自动控制技术和通信技术发展起来的一种新型、通用的工业自动控制装置。它具有高可靠性、配置扩充的灵活性等特点，且具有易于编程、使用维护方便等优点，在工业自动化控制的各个领域得到了广泛应用，它代表着控制技术的发展方向，被业界称为现代工业自动化的三大支柱之一。

近年来，PLC 的发展势头有增无减，新产品、新技术不断涌现，尤其是德国西门子公司的 SIMATIC S7 系列 PLC，具有功能强、性价比高等优点，能为自动化控制应用提供安全可靠和比较完善的解决方案，深受用户的欢迎，特别适合当前工业企业对自动化的需要。

本书以实际工程应用和便于教学使用为出发点，以西门子 S7-300 系列 PLC 为蓝本，以工作任务为导向安排内容，以基于工作过程的思想组织与编写内容，注重过程性知识讲解，适度介绍概念和原理，突出技能训练和能力培养，力争使本书满足"教、学、练、做"一体化的教学需要。

全书共 10 章，第 1 章介绍 PLC 的定义、基本结构、基本原理，西门子 S7 系列 PLC 的分类、S7-300 PLC 的工作过程、模块安装及默认地址；第 2 章介绍 STEP 7 编程软件的使用、编程规则与方法，以电动机控制为案例，用逻辑分析的方法介绍如何用 PLC 实现简单逻辑控制；第 3 章介绍基本逻辑指令、边沿检测指令的基本应用；第 4 章在介绍 S7-300 PLC 的定时器及 CPU 时钟存储器等预备知识的基础上，以人行横道的控制为案例，用时序分析的方法介绍如何用 PLC 实现时序控制；第 5 章在介绍置位指令和复位指令等预备知识的基础上，以抢答器和多级传送带控制为案例，分析如何实现类似物流传送（加工）系统的顺序起/停控制；第 6 章在介绍计数器、比较指令、移位指令等预备知识的基础上，以多台电动机的单个按钮控制为案例，分析如何实现输入点的复用；第 7 章介绍转换指令、算术运算指令、字逻辑运算等功能指令的应用；第 8 章在介绍模拟量信号模块、模拟信号的处理等预备知识的基础上，以搅拌器系统的控制为案例，介绍如何实现对模拟量的采集与控制；第 9 章在介绍顺序控制系统、顺序功能图的结构、顺序功能图的梯形图编程方法、S7 GRAPH 语言等预备知识的基础上，分别以洗车控制系统设计、饮料灌装生产线控制系统设计为案例，介绍如何用梯形图实现选择性分支、并进分支流程的控制；第 10 章介绍 S7-300 PLC 的通信知识，说明如何运用 PROFIBUS 总线技术实现主站与从站之间的数据交换与传送。

本书尽可能做到语言简捷、内容丰富、实用性强、理论联系实际，详细叙述了 PLC 的应用技术，并通过大量工程案例介绍 PLC 的设计方法和安装技巧，大部分章节都有相关技能训练，以突出实践技能和应用能力的培养。

本书适合作为电气自动化、楼宇智能化、机电一体化、机械设计与制造及相关专业"PLC 基础与应用"课程的教学用书，也可作为电气技术人员的参考书和培训教材。

本书是机械工业出版社组织出版的"高等职业教育系列教材"之一，由黄河水利职业技术学院吴丽担任主编，并编写第 2 章和第 3 章，葛芸萍担任副主编，并编写第 5～7 章，刘云潺编写第 1 章和第 4 章，朱海英编写第 9 章，张慧宁编写第 8 章和第 10 章。全书由胡键老师主审。

由于编者水平有限，书中难免存在错误和不妥之处，恳请广大读者批评指正。

编 者

目　　录

第1章　PLC的基本知识

可编程序控制器（Programmable Logic Controller，PLC）是以微处理器为基础的通用工业控制装置，它综合了现代计算机技术、自动控制技术和通信技术，具有功能强大、使用方便、可靠性高、通用灵活和易于扩充等优点，特别适于在恶劣的工业环境中使用，是为了顺应现代制造业生产出小批量、多品种、多规格、低成本和高质量的产品要求而出现的，在交通、冶金、化工、制造、建筑、造纸以及食品等行业得到了广泛应用。目前，可编程序控制器已成为现代工业自动化技术的三大支柱之一。

1.1　PLC概述

1.1.1　PLC的产生和定义

1. PLC的产生

为了尽可能地减少重新设计和安装的工作量，降低成本，缩短周期，人们于是设想把计算机系统的功能完备、灵活、通用与继电器接触器控制系统的简单易懂、操作方便、价格便宜等优点结合起来，制造一种新型的工业控制装置。为此，美国通用汽车公司在1968年公开招标，要求用新的控制装置取代继电器接触器控制系统。1969年，美国数字设备公司（DEC）研制出了第一台PLC（Programmable Logic Controller），即可编程序逻辑控制器，型号为PDP-14，用它取代传统的继电器接触器控制系统，在美国通用汽车公司的汽车自动装配线上使用，取得了巨大成功。这种新型的工业控制装置以其简单易懂、操作方便、可靠性高、通用灵活、体积小以及使用寿命长等一系列优点，很快在美国其他工业领域推广应用。

随着计算机技术、自动控制技术和通信技术的发展，PLC大致经历了四次更新换代，已经渗透到工业控制的各个领域。

2. PLC的定义

1987年国际电工委员会（IEC）对可编程序控制器定义如下："可编程序控制器是一种数字运算操作的电子系统，专为在工业环境下应用而设计。它采用了可编程序的存储器，用来在其内部存储执行逻辑运算、顺序控制、定时、计数和算术运算等面向用户的指令，并通过数字式和模拟式的输入和输出，控制各种类型的机械或生产过程。可编程序控制器及其有关的外围设备，都按易于与工业系统连成一个整体、易于扩充其功能的原则设计。"

1.1.2　PLC的结构组成

PLC由中央处理单元（CPU）、存储器、输入单元、输出单元、通信单元、电源以及扩展单元有机结合而成，如图1-1所示。根据结构形式不同，PLC可以分为整体式和模块式两类。

图 1-1　PLC 的基本结构

整体式 PLC 又称为单元式或箱体式,体积小、价格低及结构紧凑。一般小型 PLC 采用整体式,如西门子的 S7-200 系列 PLC。整体式 PLC 将 CPU 模块、I/O 模块和电源装在一个箱体内构成主机。需要时还提供许多 I/O 扩展模块供用户选用,另外配备许多专用的特殊功能模块,使 PLC 的功能得到扩展。

模块式 PLC 又称为组合式 PLC,由机架和模块组成,配置灵活。中、大型 PLC 常采用模块式,如西门子的 S7-300 和 S7-400 系列 PLC。模块式 PLC 将组成 PLC 的多个单元分别做成相应的模块,各模块可以灵活安插在机架上,通过总线相互联系,进行广泛地组合和扩展。

（1）CPU 模块

CPU（Central Process Unit）模块是 PLC 的核心部分,主要由微处理器（CPU 芯片）和存储器组成。CPU 模块在 PLC 系统中的作用类似于人的大脑和心脏,其主要任务是:接收输入的用户程序和数据,送入存储器存储;采集现场的输入信号,存入相应的数据区;监控和诊断电源、电路的工作状态和用户程序中的语法错误;执行用户程序,从存储器逐条读取用户指令并完成其功能;根据数据处理的结果刷新系统的输出。PLC 采用的 CPU 芯片随机型不同而异,芯片的性能决定了 PLC 处理信号的能力和速度。

存储器主要用来存储程序和数据,分为系统程序存储器、用户程序存储器和系统 RAM 存储区。系统程序存储器用来存放系统管理程序、用户指令解释程序和标准程序模块与系统调用程序,是由生产厂家编写并固化在 ROM 内的,用户不能直接更改;用户程序存储器用来存放用户根据控制任务编写的控制程序,可以是 RAM、EPROM 或 E^{2}PROM 存储器,其内容可以由用户任意修改或删减;系统 RAM 存储区包括 I/O 映像区和系统软设备存储区,如逻辑线圈、定时器、计数器、数据寄存器和累加器等。

（2）电源模块

电源模块将输入的交流电转换为 CPU、存储器和 I/O 模块等需要的 DC 5V 工作电源,是整个 PLC 的能源供给中心,直接影响到 PLC 的功能和可靠性。电源模块还向外部提供 DC 24V 稳压电源,向传感器和其他模块供电。

（3）信号模块

信号模块是 PLC 与工业现场连接的接口,包括输入（Input）模块和输出（Output）模块,简称为 I/O 模块。其中开关量输入、输出模块分别称为 DI 模块和 DO 模块,模拟量输入、输出模块分别称为 AI 模块和 AO 模块。输入模块用来接收和采集现场的输入信号,输出模块用来控制输出负载,同时它们还有电平转换和隔离作用,使不同的过程信号电平和 PLC 内部的信号电平相匹配。

开关量输入模块用来接收从按钮、数字开关、限位开关以及各种继电器等传送来的开关量输入信号，模拟量输入模块用来接收从电位器、测速发电机和各种变送器提供的连续变化的模拟量电压电流信号。

开关量输出模块用来控制接触器、电磁阀、电磁铁、指示灯、显示和报警装置等输出设备，模拟量输出模块用来控制变频器、电动调节阀等执行器。

（4）功能模块

功能模块主要用于对实时性和存储容量要求高的控制任务，包括计数器模块、电动机定位模块以及闭环控制模块等。

（5）通信处理模块

通信处理模块用于 PLC 之间、PLC 与计算机和其他智能设备之间的通信，可以将 PLC 接入 PROFIBUS-DP、ASI 和工业以太网，或用于实现点对点连接等。

（6）编程设备

编程设备包括编程器和编程软件两类。使用编程器可以进行程序的编制、编辑、调试和监控。简易型编程器只能联机编程，并且需要把梯形图转换成指令表才能输入。智能型编程器可以联机也可以脱机编程，可以直接输入梯形图，而且能通过屏幕对话。

使用编程软件可以在计算机上直接生成和编辑用户程序，并且可以实现不同编程语言之间的相互转换。程序被编译后下载到 PLC，也可以将 PLC 中的程序上传到计算机。

1.1.3 PLC 的基本原理

PLC 是一种工业控制计算机，其工作原理却与计算机有所不同。PLC 最初是用于替代传统的继电器控制装置，但与继电器控制系统的工作原理也有很大区别。

1. PLC 的工作原理

任何一个继电器控制系统从功能上都可以分为 3 部分：输入部分（按钮、开关、传感器等）、控制部分（继电器、接触器连接成的控制电路）以及输出部分（被控对象，如电动机、电磁阀、信号灯等）。这种系统是由导线硬连接起来实现控制程序的，称为硬程序。

PLC 控制系统也分为 3 部分：输入部分、控制部分和输出部分，如图 1-2 所示。输入部分的作用是将现场输入信号送入 PLC，再变成 CPU 能够接收的信号存入输入映像寄存器等待 CPU 输入采样，然后进入控制部分进行运算；输出部分的作用是将 PLC 的输出信号转存到输出映像寄存器等待输出刷新，才能驱动被控对象。PLC 控制系统与继电器控制系统不同的地方主要是控制部分。

图 1-2 PLC 的控制系统图

PLC 控制系统的内部控制电路是由用户程序形成的，是按照程序规定的逻辑关系，对输入、输出信号的状态进行计算、处理和判断，然后得到相应的输出。PLC 在执行用户程序时，根据程序从首地址开始自上而下、从左到右逐行扫描执行，并分别从输入映像寄存器、输出映像寄存器中读出有关元件的状态，根据指令执行相应的逻辑运算，把运算的结果写入对应的元件映像寄存器中保存，同时把输出状态写入对应的输出映像寄存器中保存。

用户程序用触点和线圈实现逻辑运算，基本逻辑电路如图 1-3 所示，逻辑运算关系表如表 1-1 所示。

图 1-3 基本逻辑电路

a) 逻辑与 b) 逻辑或 c) 逻辑非

表 1-1 逻辑运算关系表

逻辑与			逻辑或			逻辑非	
Q0.0=I0.0*I0.1			Q0.1=I0.2+I0.3			Q0.2= I0.4	
I0.0	I0.1	Q0.0	I0.2	I0.3	Q0.1	I0.4	Q0.2
0	0	0	0	0	0	0	1
0	1	0	0	1	1	1	0
1	0	0	1	0	1		
1	1	1	1	1	1		

2. PLC 的工作方式

PLC 的工作方式是从 0000 号存储地址存放的第一条用户程序开始,在无中断或跳转的情况下,按存储地址号递增的方向顺序逐条执行用户程序,直到 END 指令结束;然后再从头开始,并周而复始地执行整个用户程序,直到停机或从运行(RUN)工作状态切换为停止(STOP)工作状态,这种执行程序的工作方式称为周期循环扫描工作方式。扫描过程如图 1-4 所示。

```
┌──────────┐        ┌──────────┐
│ 读取输入  │        │ 读取输入  │
├──────────┤        ├──────────┤
│ 执行用户程序│        │ 处理通信请求│
├──────────┤        ├──────────┤
│ 处理通信请求│        │ 自诊断检查│
├──────────┤        ├──────────┤
│ 自诊断检查│        │ 改写输出  │
├──────────┤        └──────────┘
│ 改写输出  │
└──────────┘
  RUN模式              STOP模式
```

图 1-4 扫描过程

3. PLC 的工作状态

PLC 有 3 种工作状态,即运行(RUN)状态、停止(STOP)状态和终端(TERM)状态。运行状态是执行应用程序的状态,停止状态一般用于程序的编制和修改,不执行用户程序。显然两个不同的工作状态中要完成的扫描任务是不同的。

PLC 处于 RUN 状态时执行用户程序,"RUN" LED 亮。将 CPU 模块上的模式开关置于 RUN 位置时,PLC 上电后自动进入 RUN 模式。

PC 与 PLC 之间建立起通信连接后,若模式开关在 RUN 或 TERM 位置,可用编程软件中的命令改变 CPU 的工作模式。

PLC 在 RUN 工作状态时,每扫描一次程序所需要的时间称为扫描周期,一般不超过 100ms。指令执行所需要的时间与用户程序的长短、指令的种类和 CPU 执行速度有很大关

4

系。PLC 厂家会给出执行每条基本逻辑指令所需要的时间。

PLC 处于 STOP 状态时不执行用户程序，此时用户可将用户程序和硬件设置信息下载到 PLC。

终端（TERM）模式与 PLC 的通信有关。

4. PLC 的工作过程

图 1-5 为 PLC 的工作过程图。PLC 上电或从 STOP 状态切换到 RUN 状态后，在系统程序的监控下，周而复始地按一定的顺序对系统内部的各种任务进行查询、判断和执行，这个过程就是按顺序循环扫描的过程。

图 1-5　PLC 的工作过程图

1）初始化。PLC 上电后首先进行系统初始化，包括清除内部存储区、复位定时器等。

2）CPU 自诊断。PLC 在每个扫描周期都要进入自诊断阶段，对电源、PLC 内部电路、用户程序的语法进行检查；定期复位监控定时器等，确保系统的稳定。

3）通信信息处理。在每个通信信息处理扫描阶段，PLC 进行 PLC 之间、PLC 与计算机之间的信息交换。

4）与外部设备交换信息。PLC 与外部设备连接时，在每个扫描周期要与外部设备交换信息。这些外部设备有编程器、终端设备、彩色显示器和打印机等。

5）执行用户程序。PLC 在运行状态下，每一个扫描周期都要执行用户程序。在执行用户程序时，是以扫描的方式按顺序逐句处理的，扫描一条执行一条，并把运算处理结果存入输出映像区对应的位中。

6）输入、输出信息处理。PLC 在运行状态下，每一个扫描周期都要进行输入、输出信息处理，以扫描的方式把外部输入信号的状态存入输入映像区，将运算处理后的结果存入输出映像区，直到传入外部被控设备。

1.1.4　PLC 的编程语言

PLC 是一种工业计算机，国内外不同厂家，甚至不同型号的 PLC 都有自己的编程语言。目前，PLC 常用的编程语言有梯形图编程语言、指令（语句）表编程语言以及顺序功能图编程语言等。

1. 梯形图

梯形图编程语言简称为梯形图。梯形图与继电器控制电路图很相似，很容易被工厂熟悉继电器控制的电气人员掌握，特别适合数字量逻辑控制系统，是在电气控制系统中常用的继电器、接触器逻辑控制基础上简化了符号演变而来的，用程序来代替继电器硬件逻辑连接。

梯形图由触点、线圈或指令框组成。触点代表逻辑输入条件，如外部的开关、按钮、传感器和内部条件等输入信号；线圈代表逻辑运算的结果，常用来控制外部的输出信号（如指示灯、交流接触器和电磁阀等）和内部的标志位等；指令框用来表示定时器、计数器和数学运算等功能指令。

梯形图左、右的竖直线称为左右母线。梯形图从左母线开始，经过触点和线圈，终止于右母线。可以把左母线看作是提供能量的母线。触点闭合可以使能量流到下一个元件；触点断开将阻止能量流过，这种能量流称为能流。实际上，梯形图是 CPU 效仿继电器控制电路图，使来自"电源"的"电流"通过一系列的逻辑控制元件，根据运算结果决定逻辑输出的模拟过程。

梯形图中，每个输出元素可以构成一个梯级，每个梯级由一个或多个支路组成，但最右边的元件只能是输出元件，且只能有一个。每个梯形图由一个或多个梯级组成。

梯形图编程语言形象、直观、实用，逻辑关系明确，是使用最多的 PLC 编程语言。

虽然 PLC 的梯形图与继电器控制电路图很相似，但是两种控制系统却有本质的区别，主要表现在以下几点。

1）组成器件不同。继电器控制系统是由许多硬件继电器组成的，而梯形图是由许多所谓的"软继电器"组成。这些"软继电器"实质上是存储器的触发器，"软继电器"的"通"和"断"状态也就是触发器置"0"或置"1"的状态，因此不存在电弧、磨损和接触不良等故障。

2）触点数量不同。硬继电器的触点数量是有限的，而梯形图中"软继电器"触点的通断是由对应的触发器的状态决定的，所以每只"软继电器"供编程使用的触点数是无限制的。

3）控制方法不同。在继电器控制系统中，实现各种逻辑控制关系和连锁关系是通过硬接线来解决的；而 PLC 是通过梯形图即软件编程解决的。

4）工作方式不同。继电器控制系统采用硬逻辑并行运行的方式，如果某个继电器的线圈通电或断电，无论该继电器的触点在控制系统的哪个位置，也无论是常开触点还是常闭触点，该继电器的所有触点都会立即同时动作。PLC 的 CPU 则采用顺序逻辑扫描用户程序的运行方式，如果一个输出线圈和逻辑线圈被接通或断开，该线圈的所有触点不会立即动作，必须等扫描到该触点时才会动作，所以是串行方式。

2. 指令表

指令表编程语言又称为语句表编程语言，它用一系列操作指令（即指令助记符）组成的指令表将控制流程描述出来。不同 PLC 厂家指令表所使用的指令助记符并不相同。

指令表是由若干条指令组成的程序，指令是程序的最小独立单元。每个操作功能由一条或几条指令来执行。PLC 的指令表达形式与计算机的指令表达形式很相似，也是由操作码和操作数两部分组成的。操作码用指令助记符表示，用来说明要执行的功能，告诉 CPU 应该进行什么操作，如与、或、非等逻辑运算，加、减、乘、除等算术运算，计时、计数、移位等控制功能。操作数一般由标识符和参数组成，标识符表示操作数的类别，如表明输入继电器、输出继电器、定时器、计数器以及数据寄存器等；参数表明操作数的地址或一个预先设定值。

3．顺序功能图

对于一个复杂的控制系统，尤其是顺序控制系统，由于内部的联锁、互动关系极其复杂，用梯形图或指令表编程时梯形图往往数百行。如果在梯形图上不加注释，则梯形图的可读性将会大大降低。

顺序功能图常用来编制复杂的顺序控制类程序，这种功能图也为调试、试运行带来许多方便，它包含步、动作和转换 3 个要素。先把一个复杂的控制过程分解为一些小的工作状态，即划分为以若干个顺序出现的步；步中包含控制输出的动作，根据一步到另一步的转换条件，再依照一定的顺序控制要求连接成整体的控制程序。

顺序功能图表达的顺序控制过程非常清晰，用于编程和故障诊断时更为有效，使 PLC 程序的结构更加易懂，特别适合生产制造过程。

1.1.5 PLC 的应用和发展

1．PLC 的应用

近年来，随着 PLC 的成本下降和功能大大增强，同时，它也能解决复杂的计算和通信问题，因而应用面也日益增大。目前，PLC 在国内外已广泛应用于钢铁、采矿、水泥、石油、化工、电力、机械制造、汽车、装卸、造纸、纺织、环保以及娱乐等行业。PLC 的应用领域包括以下几个方面。

（1）逻辑控制

逻辑控制是目前 PLC 应用最广泛的领域，它取代传统的继电器顺序控制。PLC 应用于单机控制、多机群控制和生产自动线控制。例如：注塑机、印刷机械、订书机械、切纸机械、组合机床、磨床、装配生产线、包装生产线、电镀流水线及电梯控制等。

（2）运动控制

PLC 制造商目前已经提供了拖动步进电动机或伺服电动机的单轴或多轴位置控制模块。大多数情况下，PLC 把描述目标位置的数据送给模块，模块移动一轴或多轴到目标位置。当每个轴移动时，位置控制模块保持适当的速度和加速度，确保运动平滑。

（3）过程控制

PLC 能控制大量的物理参数。例如：温度、压力、速度和流量。PID（Proportional-Integral-Derivative）模块的提供使 PLC 具有了闭环控制的功能，即一个具有 PID 控制能力的 PLC 可用于过程控制。

（4）数据处理

在机械加工中，出现了把支持顺序控制的 PLC 和计算机数值控制（CNC）设备紧密结合的趋向。国外 FANUC 公司推出的 System10、11、12 系列，已将 CNC 控制功能作为 PLC 的一部分。

（5）工业网络通信

为了适应工厂自动化（FA）系统发展的需要，首先，必须发展 PLC 之间、PLC 和上级计算机之间的通信功能。作为实时控制系统，PLC 数据通信速率要求高，而且要考虑出现停电、故障时的对策等。富士电机公司开发的 MICREX－F 系列就是一例。I/O 模块按功能各自放置在生产现场分散控制，然后采用网络联结构成集中管理信息的分布式网络系统。

2．PLC 的发展

（1）产品规模向大、小两个方向发展

出现了 I/O 点数达 14336 点的超大型 PLC，使用 32 位微处理器，多 CPU 并行工作并具有大容量存储器，使 PLC 的扫描速度高速化。如三菱公司的 A3H 的顺序指令执行速度达到 $0.2\sim0.4\mu s$。

小型 PLC 由整体结构向小型模块结构发展，增加了配置的灵活性。最小配置的 I/O 点数为 8～16 点，可以用来代替最小的继电器控制系统，如三菱公司 FX 系列 PLC。

（2）PLC 向过程控制渗透与发展

微电子技术的迅速发展，大大加强了 PLC 的数学运算、数据处理、图形显示及联网通信等功能，使 PLC 得以向过程控制渗透和发展。

（3）PLC 加强了通信功能

为了满足柔性制造单元（FMC）、柔性制造系统（FMS）和工厂自动化（FA）的要求，近年来开发的 PLC 都加强了通信功能。

（4）新器件和模块不断推出

为了满足工业自动化各种控制系统的需要，近年来，一些工业发达国家利用微电子学、大规模集成电路（LSI）等新技术成果，先后开发了不少新器件和模块。高档的 PLC 一般都采用多 CPU 以提高处理速度，用 32 位微处理器为 CPU，使每条指令处理速度达 $0.5\mu s$ 的 PLC 产品已不是少数。

（5）编程工具丰富多样，功能不断提高，编程语言趋向标准化

近年来，用配置相应软件的 IBM-PC 作为编程器。1984 年，西屋公司首先推出以 IBM 便携式计算机改装成的 NLPL-150 型程序输入器，用来为该公司的 Nema-Logic 系列 PLC 编程。1985 年 6 月，在英国首届 PLC 会议上，展出了世界上第一台光笔编程器。它可以在屏幕上画出标准的继电器控制电路图，从屏幕下部的菜单中选出元件，再把它移到屏幕的适当部位，画好后程序就编成了，并可转存到可编程序控制器中。

（6）发展容错技术

一些国外公司为了推出高度或绝对可靠的系统，发展容错技术，采用冗余结构和采用热备用或并行工作、多数表决的工作方式。

1.2　S7-300 PLC 概述

1.2.1　西门子 PLC 系列产品

德国西门子公司的 PLC 在国内外具有较高的市场占有率，其主要产品有 S5、S7、C7、M7 及 WinAC 等几个系列。其中，S7 系列 PLC 于 1994 年面世，是西门子公司 PLC 市场的主流产品，分为 SIMATIC S7-200、SIMATIC S7-300 和 SIMATIC S7-400 几个子系列。

1. SIMATIC S7-200 系列 PLC

SIMATIC S7-200 系列 PLC 是针对简单控制系统而设计的小型 PLC，采用集成式、紧凑型结构，一般适用于 I/O 点数为 100 点左右的单机设备或小型应用系统。S7-200CN PLC 是在 SIMATIC S7-200 PLC 的优良品质和卓越性能基础上专为中国用户开发的产品，于 2005 年 12 月 16 日在中国正式发布，具有与 SIMATIC S7-200 PLC 相同的功能及技术指标。典型的 SIMATIC S7-200 系列 PLC 如图 1-6 所示。

SIMATIC S7-200 系列 PLC 的编程软件为 STEP 7 MicroWin，STEP 7 MicroWin 从 V4.0 SP6 版本开始支持 Vista 系统，从 V3.2 开始即为多语言版本，可以通过 "Option" 选项直接选择中文界面。

图 1-6　典型 SIMATIC S7-200 系列 PLC

1—基本模块　2—扩展模块

2. SIMATIC S7-300 系列 PLC

SIMATIC S7-300 系列 PLC 是针对中小型控制系统而设计的中型 PLC，采用模块化、无风扇结构，一般适用于 I/O 点数为 1000 点左右的集中或分布式中小型控制系统。典型 SIMATIC S7-300 系列 PLC 系统如图 1-7 所示。

图 1-7　典型 SIMATIC S7-300 系列 PLC 系统

1—负载电源（选项）　2—后备电池（CPU 313 以上）　3—DC 24V 连接　4—模式开关
5—状态和故障指示灯　6—存储器卡（CPU 313 以上）　7—MPI 多点接口　8—前连接器　9—前门

3．SIMATIC S7-400 系列 PLC

SIMATIC S7-400 系列 PLC 是针对大中型控制系统而设计的大型 PLC，采用模块化、无电风扇结构，一般适用于 I/O 点数为 10000 点左右的自动化控制系统。SIMATIC S7-400 系列 PLC 还包括 H（冗余）系统和 F（故障安全）系统，如 S7-400H PLC、S7-400F PLC 等。典型 SIMATIC S7-400 系列 PLC 系统如图 1-8 所示。

SIMATIC S7-300/400 系列 PLC 的编程软件为 STEP 7，其中文最新版本为 STEP 7 V5.5 SP3，英文最新版本（多语言版）为 STEP 7 V5.4 SP4 及 STEP 7 2006 Professional SR4。从 STEP 7 V5.4 SP3 开始提供了对 Vista 系统的支持。

图 1-8　典型 SIMATIC S7-400 系列 PLC 系统

1—电源模块　2—后备电池　3—模式开关（钥匙操作）　4—存储器卡（MMC）
5—状态和故障 LED　6—CPU 模块 1　7—有选项卡区的前连接器
8—信号模块　9—CPU 模块 2　10—IM 接口模块　11—通信处理器

1.2.2　S7-300 PLC 的硬件组成

SIMATIC S7-300 系列 PLC 采用配置灵活的模块化结构，SIMATIC S7-300 系列 PLC 的逻辑结构如图 1-9 所示。系统以中央处理单元（CPU）为核心，通过背板总线（BUS）与输入信号模块、输出信号模块、功能模块、通信处理器模块、接口模块及其他模块共同组成完整的 PLC 应用系统。

1．机架（Rack）

机架用于安装和连接 PLC 的所有模块，CPU 所在机架为主机架，如果主机架不能容纳控制系统的全部模块，可以增设一个或者多个扩展机架。

2．中央处理单元（CPU）

与一般计算机一样，中央处理单元（CPU）是 PLC 的核心，它按 PLC 系统程序赋予的功能指挥 PLC 有条不紊地进行工作，其主要任务有：为背板总线提供 5V 电源；通过输入信号模块接收外部设备信息；存储、检查、校验和执行用户程序；通过输出信号模块送出控制信号；通过通信处理器或自身的通信接口与其他设备交换数据；进行故障诊断等。

S7-300 系列 PLC 的 CPU 模块从 CPU 312 到 CPU 319 有 20 多种型号，CPU 序号越高，其功能越强，技术指标主要区别在 CPU 的内存容量、数据处理速度、通信资源及编程资源（定时器、计数器的个数）等方面，按功能可分为 6 个子系列。

图 1-9　SIMATIC S7-300 系列 PLC 的逻辑结构

1）紧凑型 CPU，即 CPU 31xC 系列，其特征是 CPU 模块上集成有输入/输出点、高速计数器、脉冲输出及定位功能等，如 CPU 312C、CPU 313C、CPU 313C-2PtP、CPU 313C-2DP、CPU 314C-2PtP、CPU 314C-2DP。

2）标准型 CPU，即 CPU 31x 系列，如 CPU 313、CPU 314、CPU 315、CPU 315-2DP、CPU 316-2DP。

3）革新型标准 CPU 具有与标准型 CPU 相同的系列表示，是标准 CPU 的技改产品，如 CPU 312、CPU 314、CPU 315-2DP、CPU 317-2DP、CPU 318-2DP、CPU 319-2DP。

4）户外型 CPU，如 CPU 312 IFM、CPU 314 IFM、CPU 314（户外型）。

5）故障安全型 CPU，如 CPU 315F-2DP、CPU 315F-2PN/DP、CPU 317F-2DP、CPU 319F-3PN/DP。

6）特种 CPU，如 CPU 317T-2DP、CPU 317-2 PN/DP。

3．输入信号模块（DI/AI）

输入信号模块主要负责接收现场设备的信息（如锅炉的温度、压力等）或控制设备的状态（如控制按钮的状态），并进行信号电平的转换，然后将转换结果传送到 CPU 进行处理。根据接收的信号类型，可以将输入信号模块分为数字量输入模块（DI）和模拟量输入模块（AI）。数字量输入模块（DI）只能接收高、低逻辑电平信号，如开关的接通与断开；模拟量输入模块（AI）可接收连续变化的模拟量信号，如温度传感器输出的 DC 4～20mA 电流信号。

数字量输入模块有 8 点、16 点、32 点和 64 点几种，可连接的外部输入信号电压等级有 DC 24V、AC 120V、DC/AC 24/48V、DC 48～125V、AC 120/230V 等多种，可根据信号类型进行选择。S7-300 系列 PLC 的数字量输入模块型号以"SM 321"开头。例如，SM 321 DI 16x DC 24V 是一块额定输入电压为直流 24V，具有 16 个输入点的数字量输入模块。

模拟量输入模块的转换精度有 12 位、13 位、14 位和 16 位等几种，有 2 通道、8 通道和 16 通道，能接入热电阻、热电偶、DC 4～20mA 或 DC 0～10V 等多种不同类型和不同量程的模拟信号，可根据需要进行选择。S7-300 系列 PLC 的模拟量输入模块型号以"SM 331"开头。例如，SM 331 AI 2×12bit 是一块转换精度为 12 位，具有两个模拟量输入通道的模拟量输入模块。

4．输出信号模块（DO/AO）

输出信号模块主要负责对 CPU 处理的结果进行电平转换并从 PLC 向外输出，然后驱动现场执行设备（如电磁阀、电动机等）或控制设备（如按钮、状态指示灯等）。根据输出的信号类型，可以将输出信号模块分为数字量输出信号模块（DO）和模拟量输出信号模块（AO）。数字量输出信号模块（DO）只能输出高、低变化的电平信号，使被控对象工作或停止工作，如控制电动机的起动和停机、指示灯的点亮和熄灭；模拟量输出信号模块（AO）可输出连续变化的模拟量电信号，使被控对象连续改变工作状态，如控制电磁阀的开度等。

数字量输出模块有 8 点、16 点、32 点和 64 点几种，有继电器（适用于感性及交流负载）、晶体管（适用于直流负载）和晶闸管（适用于交流及直流负载）3 种输出形式，可连接的外部负载电压等级有 DC 24V、AC 120V、DC/AC 24/48V、DC 48～125V、AC 120/230V、DC 120V、AC 230V 等多种，可根据信号类型进行选择。S7-300 系列 PLC 的数字量输出模块型号以"SM 322"开头。例如，SM 322 DO 8×Rel. AC 230V 是一块额定负载电压为交流 230V、具有 8 个输出点的继电器输出型数字量输出模块。

模拟量输出模块的转换精度有 12 位、13 位和 16 位等几种，有 2 通道、4 通道和 8 通道之分，可根据需要进行选择。S7-300 系列 PLC 的模拟量输出模块型号以"SM 332"开头。例如，SM 332 AO 4×16bit 是一个转换精度为 16 位、具有 4 个模拟量输出通道的模拟量输出模块。

5．电源模块（PS）

电源模块负责将外部电压变换成稳定的直流 24V 及 5V 电压，为 PLC 系统的所有模块提供工作电源。

S7-300 PLC 的电源模块有输入为交流 120V 或 230V、输出为直流 24V 的 PS 307 2A、PS 307 5A、PS 307 10A 等标准电源模块。

6．通信处理器模块（CP）

通信模块负责扩展 CPU 的通信能力。当 CPU 自身提供的通信接口不能满足 PLC 与其他设备的通信需要时，可通过通信模块扩展相应的通信接口（如 PROFIBUS DP 分布式现场总线接口、PROFINET 工业以太网接口等）并进行相应的通信处理。

S7-300 系列 PLC 常用的通信处理器模块有：用于 PtP 连接的通信模块 CP340、用于 PtP 连接的通信模块 CP341、用于连接 PROFINET 工业以太网的通信模块 CP343-1、用于 AS-i 接口的通信模块 CP343-2、用于 PROFIBUS DP 的通信模块 CP342-5、用于 PROFIBUS FMS 的通信模块 CP343-5 等。

7．接口模块（IM）

接口模块用来提高 PLC 系统扩展能力，当 PLC 系统规模不能满足控制要求时，可通过接口模块扩展新的机架从而安装并支持更多的信号模块。

S7-300 PLC 有 3 种规格的接口模块：IM365、IM360、IM361。IM365 接口模块专用于 S7-300 PLC 双机架系统扩展，IM360 和 IM361 接口模块一般用于 2～4 个机架系统扩展。

8．功能模块（FM）

功能模块负责实现 CPU 不能实现的特殊功能，如高速计数、定位或闭环控制等。

S7-300 系列 PLC 的功能模块有 FM350-1 高速单通道计数器模块、FM350-2 高速 8 通道计数器模块、FM351 快速进给和慢速驱动的双通道定位模块、FM352 电子凸轮控制器模块、FM352-5 高速布尔处理器模块、FM353 单轴步进电动机定位控制模块、FM354 单轴伺服电动机定位模块、FM355 PID 控制器、FM355-2 温度 PID 控制器、FM 357-2 定位和连续通道控制模块、SM 338 超声波位置探测模板、SM 338 SSI 位置探测模板等。

1.2.3　CPU 的操作模式

1．操作模式

S7-300 PLC 的 CPU 面板上都有一个模式选择开关，有些可通过专用钥匙旋转控制。这些 CPU 一般有 3 种工作模式（RUN、STOP、MRES）或 4 种工作模式（RUN、STOP、MRES、RUN-P）；另外一些则可直接上下滑动模式选择开关来控制，这些 CPU 一般有 3 种工作模式（RUN、STOP、MRES）。这些工作模式的意义如下。

1）RUN-P：可编程序运行模式。在此模式下，CPU 不仅可以执行用户程序，在运行的同时还可以通过编程设备（如装有 STEP 7 的 PG、装有 STEP 7 的计算机等）读出、修改、监控用户程序。在此位置钥匙不能拔出。

2）RUN：运行模式。在此模式下，CPU 执行用户程序，还可以通过编程设备（如装有 STEP 7 的 PG、装有 STEP 7 的计算机等）读出、监控用户程序，但不能修改用户程序。在此位置可以拔出钥匙，以防止 PLC 在正常运行时被改变操作模式。

3）STOP：停机模式。在此模式下，CPU 不执行用户程序，但可以通过编程设备（如装有 STEP 7 的 PG、装有 STEP 7 的计算机等）从 CPU 读出或修改用户程序。在此位置可以拔出钥匙，防止误操作。

4）MRES：存储器复位模式。该位置不能保持，当开关在此位置释放时将自动返回到 STOP 位置。将钥匙从 STOP 模式切换到 MRES 模式时，可复位存储器，使 CPU 回到初始状态。存储器一旦被复位，工作存储器、RAM 装载存储器内的用户程序、数据区、地址区、定时器、计数器和数据块等将全部清除（包括有保持功能的元件），同时还会检测 PLC 硬件，初始化硬件和系统程序参数、系统参数，并将 CPU 或模块参数设置为默认值，但保留对 MPI 的设置。

如果 CPU 配置有微存储卡（Micro Memory Card，MMC），CPU 在复位完成后，自动将存储卡内的用户程序和系统参数装入工作存储器。

MRES 模式只有在程序错误、硬件参数错误、存储卡未插入等情况下才需要使用。当 STOP 指示灯以 0.5Hz 的频率闪烁时，表示 PLC 需要复位。复位操作步骤如下：将模式开关从 STOP 位置转换到 MRES，STOP 指示灯灭 1s→亮 1s→灭 1s→常亮，释放开关使其回到 STOP 位置，然后再转换到 MRES 位置，STOP 指示灯以 2Hz 的频率闪烁（表示正在对 CPU 复位）3s→常亮（表示已复位完成），此时可释放开关使其回到 STOP 位置，复位操作完成。

因为 S7-300 PLC 的 CPU 内部没有装载存储器，所以 CPU 必须插入一个微型存储卡（Micro Memory Card，MMC），其类型为非易失存储器（Flash Memory），否则无法工作。

2．状态指示灯

CPU 面板上的信号灯用来显示 CPU 当前的状态或故障。各个信号灯的功能如下。

- SF（红色）：系统出错/故障指示，当 CPU 硬件故障或软件错误时亮。
- DF（红色）：总线出错指示灯（带 DP 接口的 CPU）。
- BATT（红色）：电池故障指示，当电池失效或未被装入时亮。
- DC5V（绿色）：+5V 电源指示，当 CPU 和 S7-300 PLC 总线的 5V 电源正常时亮。
- FRCE（黄色）：强制作业有效指示，至少有一个 I/O 在强制状态时亮。
- RUN（绿色）：运行状态指示灯，CPU 处于 RUN 状态时亮；LED 在 STARTUP 状态以 2Hz 频率闪烁；在 HOLD 状态以 0.5 Hz 频率闪烁。
- STOP（黄色）：停止状态指示灯，CPU 处于 STOP、HOLD 或 STARTUP 状态时亮；在存储器复位时以 0.5Hz 频率闪烁；在存储器置位时以 2Hz 频率闪烁。
- BUSF（红色）：总线错误指示，PROFIBUS-DP 接口硬件或软件故障时亮。集成有 DP 接口的 CPU 才有此 LED。

1.2.4 S7-300 PLC 的工作过程

1. PLC 的工作过程

PLC 采用了一种不同于一般微型计算机的运行方式——周期性循环处理的顺序扫描工作方式。当 S7-300 系列 PLC 得电或从 STOP 模式切换到 RUN 模式时，CPU 首先执行一次全启动操作，清除非保持位存储器、定时器和计数器，删除中断堆栈和块堆栈，复位所有的硬件中断和诊断中断等，并执行一次用户编写的"系统启动组织块"OB100，完成用户指定的初始化操作。然后，PLC 进入周期性的循环扫描操作：CPU 从第一条指令开始，按顺序逐条地执行用户程序直到用户程序结束，然后返回第一条指令开始新一轮的扫描，PLC 的工作流程如图 1-10 所示。CPU 的循环操作包括 3 个主要部分。

图 1-10 PLC 的工作流程

（1）输入采样阶段

PLC 在输入采样阶段检查输入信号的状态并刷新过程映像输入表（PII）。PLC 首先扫描所有输入模块，并将各输入端子状态存入内存中对应的过程映像输入表。此时，过程映像输入表被刷新。在程序执行阶段和输出刷新阶段，过程映像输入表与外界隔离，无论输入信号如何变化，其内容保持不变，直到下一个扫描周期的输入采样阶段。

（2）程序执行阶段

根据 PLC 梯形图程序扫描原则，PLC 按先左后右、先上后下的步序对 OB1 的指令进行逐句扫描，当遇到程序跳转指令时，则根据跳转条件是否满足来决定程序的跳转地址；当遇到子程序调用指令时，则执行子程序（FB、FC 或 SFB、SFC），子程序执行结束继续执行 OB1 的其他指令。当指令中涉及输入、输出状态时，PLC 就从过程映像输入表"读入"上一阶段采入的对应输入端子的状态，从元件寄存器"读入"对应元件（"软继电器"）的当前状态，然后进行相应的运算，运算结果再存入元件寄存器中。对元件寄存器来说，每一个元件（"软继电器"）的状态会随着程序执行结果而变化。

程序执行阶段可以被某些事件（日期时间中断、硬件中断等）中断，并暂停 OB1 的执行，由操作系统直接调用与事件相关的其他组织块（OB）。当事件处理结束后，再继续执行 OB1 的程序指令。

（3）输出刷新阶段

在输出刷新阶段，PLC 把过程映像输出表（PIQ）的值写到输出模块。在所有指令执行完毕后，过程映像输出表（PIQ）中所有输出继电器的状态（接通/断开）在输出刷新阶段被转存到输出锁存器，通过一定方式输出并驱动外部负载。

2．PLC 的循环扫描周期

循环扫描周期是指 PLC 执行一次循环扫描所用的时间。PLC 运行正常时，扫描周期的长短与 CPU 的运算速度、I/O 点的情况、用户应用程序的长短及编程情况等有关。

3．出错处理

在 PLC 的每个扫描周期都要执行一次自诊断检查，以确定 PLC 自身的动作是否正常，如 CPU、电池电压、程序存储器、I/O 以及通信等是否异常或出错。如检查出异常，CPU 面板上的 LED 及异常继电器会接通，在特殊寄存器中会存入出错代码。当出现致命错误时，CPU 被强制为 STOP 模式，所有的扫描停止。

1.2.5　S7-300 PLC 的模块安装

S7-300 系列 PLC 采用模块化结构，所有模块均安装在标准机架（导轨）上，其机架标称长度有 160mm、482mm、530mm、830mm、2000mm 共 5 种规格，一个机架最多可以安装 1 个电源模块、1 个 CPU 模块、1 个接口模块及 8 个 I/O 模块（如信号模块、通信处理器模块、功能模块、占位模块、仿真模块等），可根据实际需要选择。机架可以采用水平方向安装，也可以采用竖直方向安装，S7-300 PLC 机架的安装形式如图 1-11 所示。若采用水平方向安装，CPU 和电源必须安装在左面。竖直安装时，CPU 和电源必须安装在底部，必须保证下面的最小间距。

- 机架左右间距为 20mm。
- 单层组态安装时，上下间距为 40mm。
- 两层组态安装时，上下间距至少为 80mm。

图 1-11　S7-300 PLC 机架的安装形式

1. 单机架安装

CPU 312、CPU 312C、CPU 312 IFM 和 CPU 313 等只能使用一个机架，在该机架上除了电源模块、CPU 模块和接口模块外，最多只能再安装 8 个信号模块、功能模块或通信模块。单机架上的电源模块总是装在最左边的槽位上、CPU 模块总是安装在电源右边的槽位上、3～10 号槽位则可以安装信号模块、功能模块或通信模块。

S7-300 系列 PLC 电源模块不需要背板总线连接器，可直接将电源模块悬挂在导轨上，并靠左侧固定。其他模块都带有背板总线连接器，安装时需先将背板总线连接器装到 CPU 模块的背板上（如图 1-12 所示），然后将 CPU 模块安装在导轨上并向左靠紧，再向下转动模块（如图 1-13 所示），最后用螺钉将模块固定在导轨上（如图 1-14 所示）。按同样的方式依次将接口模块、I/O 模块（信号模块、功能模块、通信模块及其他模块等）安装在导轨上。

图 1-12　在 CPU 模块上安装背板总线连接器

图 1-13　将 CPU 模块安装在导轨上

0.8～1.1N·m

图 1-14　将模块固定在导轨上

2．多机架安装

CPU 314、CPU315 及 CPU 315-2DP 等最多可以扩展 4 个机架，安装 32 个信号模块（含功能模块和通信模块），多机架的安装结构如图 1-15 所示。

图 1-15　多机架的安装结构

对于多个机架需利用接口模块 IM 360/IM 361 将 S7-300 PLC 的背板总线从一个机架连接到下一个机架。CPU 模块总是安装在 0 号机架（主机架）的 2 号槽位上，1 号槽位安装电源模块，3 号槽位总是安装接口模块（如 IM360），4～11 号槽位可自由分配信号模块、功能模块和通信模块。需注意的是，槽位号是相对的，每个机架的导轨并不存在物理的槽位。

用于发送信号的接口模块 IM360 装在 0 号机架 3 号槽。通过 368 专用电缆将数据由 IM360 发送到 IM361。IM360 和 IM361 的最大距离为 10m。IM360、IM361 上有指示系统状态和故障的发光二极管。如果 CPU 不确认此机架，则 LED 闪烁，可能是连接电缆没接好或者是串行连接的 IM360 关掉了。

具有接收功能的接口模块 IM361，用于 S7-300 PLC 机架 1 到机架 3 的扩展。通过 368 连接电缆，把数据从 IM360 接收到 IM361，或者从一个 IM361 传到另一个 IM361。IM361 和 IM361 之间的最大距离也是 10m。IM361 不仅提供数据传输功能，还负责将 24V 直流电压转换为 5V 直流电压，给所在机架的背板总线提供直流 5V 电源，供电电流不超过 1.2A，CPU 312 IFM 不超过 0.8A。所以，每个机架能安装的模块数量除了不能大于 8 块外，还要受到背板总线 5V 供电总电流的限制，即每个机架上各模块消耗的 5V 电源的电流之和应小于该机架最大的供电电流。

如果只扩展两个机架，可选用比较经济的 IM365 接口模块对，这一对接口模块由 1m 长的连接电缆相互连接，双机架的安装结构如图 1-16 所示。IM365 可直接为扩展机架（ER）上的模块提供直流 5V 电源，此时，在两个机架上直流 5V 的总电流耗量限制在 1.2A 之内，且每个机架最大不能超过 800mA。由于 IM365 不能给机架 1 提供通信总线，所以在机架 1 上只能安装信号模块，不能安装如通信模块之类的其他智能模块。

图 1-16　双机架的安装结构

3. 连接电源线

连接电源线的步骤如下：打开 PS 307 电源模块及 CPU 模块的前盖→松开 PS 307 上的松紧件→将电源线剥开 11mm，并连接到 PS 307 的 L1、N 和接地端子上→旋紧松紧件→将 CPU 电源线剥开 11mm，将 PS 307 的端子 M 和 L+连接到 CPU 的端子 M 和 L+，连接电源线如图 1-17 所示。

图 1-17　连接电源线

1.2.6 S7-300 PLC 数字量信号模块的地址分配

S7-300 PLC 信号模块的地址范围与模块所在机架号及槽位号有关，而具体的位地址则与信号线接在模块上的那个端子有关。根据机架上模块的类型，地址可以为输入（I）或输出（Q）。

对于数字 I/O 模块，从 0 号机架的 4 号槽位开始，每个槽位占用 4 字节（等于 32 个 I/O 点），数字量信号的默认地址如图 1-18 所示，每个数字量 I/O 点占用其中的 1 位。例如，假设在 0 号机架 4 号槽位上安装一个 16 点的数字量输入信号模块，则其地址为 I0.0～I0.7、I1.0～I1.7；如果 0 号机架 5 号槽位上安装一个 32 点的数字量输入模块，则其地址为 I4.0～I4.7、I5.0～I5.7、I6.0～I6.7、I7.0～I7.7；如果 0 号机架 6 号槽位上安装一个 32 点的数字量输出模块，则其地址为 Q8.0～Q8.7、Q9.0～Q9.7、Q10.0～Q10.7、Q11.0～Q11.7。

机架3	PS	IM (接收)	96.0 ~99.7	100.0 ~103.7	104.0 ~107.7	108.0 ~111.7	112.0 ~115.7	116.0 ~119.7	120.0 ~123.7	124.0 ~127.7
机架2	PS	IM (接收)	64.0 ~67.7	68.0 ~71.7	72.0 ~75.7	76.0 ~79.7	80.0 ~83.7	84.0 ~87.7	88.0 ~91.7	92.0 ~95.7
机架1	PS	IM (接收)	32.0 ~35.7	36.0 ~39.7	40.0 ~43.7	44.0 ~47.7	48.0 ~51.7	52.0 ~55.7	56.0 ~59.7	60.0 ~63.7
机架0	PS	CPU	IM (发送)	0.0 ~3.7	4.0 ~7.7	8.0 ~11.7	12.0 ~15.7	16.0 ~19.7	20.0 ~23.7	24.0 ~27.7	28.0 ~31.7
槽位	1	2	3	4	5	6	7	8	9	10	11

图 1-18 数字量信号的默认地址

1.2.7 S7-300 PLC 数字量信号模块的端子图

数字量信号模块用于接收现场的输入信号，数字量输出模块用于驱动现场的数字量负载，下面是几种常用的数字量信号模块的端子接线图。

1. 数字量输入信号模块 DI32 的端子图

数字量输入信号模块 SM321 DI32×DC24V 的端子接线图和框图如图 1-19 所示。图中，①是通道号，②是状态显示，③是背板总线接口；1、11、21、31 号端子是空的，20 和 40 号端子是电源，负极接入。

2. 数字量输出信号模块 DI32 的端子图

数字量输出信号模块 SM322 DO32×DC24V/0.5A 的端子接线图和框图如图 1-20 所示。图中，1、11、21、31 号端子接 24V 电源正极，10、20、30、40 号端子接 24V 电源负极，需要外部电源供电。

3. 数字量输入/输出信号模块 DI16/DO16 的端子图

数字量输入/输出信号模块 SM323 DI16/DO16×DC24V/0.5A 的端子接线图和框图如图 1-21 所示。图中，左边为输入端子，1、10、11 号端子是空的，20 号端子是电源，负极接入；右边为输出端子，21、31 号端子接 24V 电源正极，30、40 号端子接 24V 电源负极，需要外部电源供电。

图 1-19　数字量输入信号模块 SM321 DI32×DC24V 的端子接线图和框图

图 1-20　数字量输出信号模块 SM322 DO32×DC24V/0.5A 的端子接线图和框图

图 1-21　数字量输出/输入信号模块 SM323 DI16/DO16×DC24V/0.5A 的端子接线图和框图

1.3　习题

1. 什么是可编程序控制器？

2. PLC 可以应用在哪些领域？

3. 简述可编程序控制器的工作原理。

4. 简述 PLC 与继电器控制在工作方式上的区别。

5. 什么是循环周期扫描时间？

6. 在 PLC 的梯形图中，同一编程元件的常开触点或常闭触点的使用次数有限制吗？为什么？

7. S7-300 系列 PLC 的基本功能有哪些？

8. S7-300 系列 PLC 主要由哪些模块组成？

9. 说明 PLC 在扫描过程中，输入映像寄存器和输出映像寄存器的作用。

10. 怎么分配 S7-300 系列 PLC 信号模块的地址？

11．一个控制系统需要 16 点数字量输入、16 点数字量输出、4 个模拟量输入和 2 个模拟量输出，选择合适的 PLC 输入/输出模块，并进行 I/O 地址分配。

12．S7-300 系列 PLC 最多可以扩展几个机架？

13．S7-300 系列 PLC 最多只能安装多少个信号模块、功能模块或通信模块？最多可以增加几个扩展机架？电源模块安装在中央机架的哪一边几号槽？CPU 模块只能安装在几号槽？接口模块只能安装在几号槽？

第 2 章　STEP 7 编程软件

STEP 7 作为西门子公司集成自动化（TIA）的软件平台，为了确保快速、稳定地运行，它对安装环境有明确的要求。下面以 SIMATIC STEP 7 Professional 2006 SR4 为例介绍该软件的安装与设置。

2.1　STEP 7 软件安装

2.1.1　安装需求

SIMATIC STEP 7 Professional 2006 SR4 软件支持目前大部分操作系统，如 Windows 2000 Professional SP4、Windows XP Professional SP2、Windows Server 2003 SP2、Windows Vista 等。在安装该软件时，针对不同的操作系统有不同的安装需求，在 Windows 2000 Professional SP4 和 Windows XP Professional SP2 环境下安装时，其需求如下。

1）CPU 主频在 600MHz 以上。

2）内存至少为 512MB，推荐为 1GB。

3）显示系统支持 XGA，分辨率为 1024×768 像素，16 位以上色彩。

4）硬盘剩余空间应在 1GB 以上。

5）具备 DVD-ROM 驱动器。

6）具有 PC 适配器、CP5611（笔记本式计算机用 CP5512）或 MPI 接口卡。

7）必须安装 Internet Explorer 6.0（或以上版本）。

2.1.2　安装 STEP 7 软件包

以 PC 为例，安装 SIMATIC STEP 7 Professional 2006 SR4 软件包首先需正确安装操作系统，并以系统管理员的身份启动操作系统。

1）将 SIMATIC STEP 7 Professional 2006 SR4 安装光盘插入 DVD 光驱，操作系统会自动启动安装向导，也可以直接执行安装光盘上的 Setup.exe 启动安装向导，选择安装语言及安装软件如图 2-1 所示。首先选择安装语言 "Setup Language English"，然后单击 "Next" 按钮，再单击 "Next" 按钮，安装向导提示用户选择需要安装的组件。

SIMATIC STEP 7 Professional 2006 SR4 集成软件包提供 4 个程序组件：STEP 7 V5.4 incl SP3.1（STEP 7 的基本组件）、S7-GRAPH V5.3 incl SP5（顺序功能图编辑器）、S7-PLCSIM V5.4 incl sp1（PLC 程序调试仿真工具）、S7-SCL V5.3 incl SP4（结构化控制语言编辑器）及 2 个工具软件：Automation License Manager V3.0 SP1（授权管理器）、Acrobat Reader 8（PDF 文档阅读工具），建议全部选择安装。

2）在 STEP 7 的安装过程中，有 3 种安装方式可选。

① Typical（典型安装）：安装所有语言（德语、英语、西班牙语、法语和意大利语）、

所有应用程序、项目示例和技术文档。对于初学者和大多数用户建议采用典型安装方式。

② Minimal（最小安装）：只安装一种语言（默认为"英语"）和 STEP 7 程序，不安装项目示例和技术文档。对于配置较低的计算机建议采用最小安装方式。

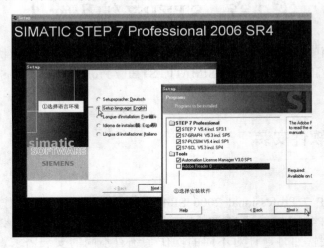

图 2-1　选择安装语言及安装软件

③ Custom（自定义安装）：用户可选择希望安装的程序、语言、项目示例和技术文档。对于高级用户建议选择自定义方式。自定义安装方式如图 2-2 所示。

图 2-2　自定义安装方式

3）在安装过程中，安装程序将检查硬盘上是否有授权（License Key）。如果没有在硬盘上发现授权，会提示用户安装授权，如图 2-3 所示。可以选择在安装程序的过程中就安装授权（需要插入授权软盘），或者稍后再执行授权程序。

4）安装结束后，会出现一个对话框（如图 2-4 所示），提示用户为存储卡配置参数。

① 如果用户没有存储卡读卡器，则选择"None"，一般选择该选项。

② 如果使用内置读卡器，请选择"Internal programming device interface"。该选项仅对 Siemens PLC 专用编程器 PG 有效，对于 PC 来说是不可选的。

③ 如果用户使用的是 PC，则可选择用外部读卡器 External prommer。当然，用户必须定义哪个接口用于连接读卡器（例如，LPT1）。

图 2-3　提示用户安装授权

图 2-4　存储卡配置参数

在安装完成之后，用户还可以通过 STEP 7 程序组或控制面板中的"Memory Card Parameter Assignment"（存储卡参数赋值）来修改这些设置参数。

5）安装过程中，系统会提示用户设置 PG/PC 接口（PG/PC Interface），如图 2-5 所示。

图 2-5　设置 PG/PC 接口（PG/PC Interface）

PG/PC 接口是 PG/PC 与 PLC 之间进行通信的接口。安装完成后，用户还可以通过 SIMATIC 程序组或控制面板中的"Set PG/PC Interface"（设置 PG/PC 接口）对话框随时更改 PG/PC 接口的设置。在安装过程中可以单击"Cancel"按钮忽略这一步骤。

2.1.3　STEP 7 的授权管理

授权是使用 STEP 7 软件的"钥匙"。只有在硬盘上找到相应的授权，STEP 7 才可以正常使用，否则会提示用户安装授权。在购买 STEP 7 软件时会附带一张包含授权的 3.5inch 黄色软盘。用户可以在安装过程中将授权从软盘转移到硬盘上，也可以在安装完毕后的任何时间内使用授权管理器完成转移。

SIMATIC STEP 7 Professional 2006 SR4 安装光盘上附带的授权管理器（Automation License Manager V3.0 SP1）是西门子公司自动化软件产品授权管理工具，它取代了以往的 AuthorsW 工具。安装完成后，在 Windows 的开始菜单中找到"SIMATIC"→"License Management"→"Automation License Manager"，启动该程序。授权管理器程序界面如图 2-6 所示。

图 2-6　授权管理器程序界面

授权管理器的操作非常简便，选中左视窗中的盘符，在右视窗中就可以看到该磁盘上已经安装的授权信息。如果没有安装正式授权，在第一次使用 STEP 7 软件时系统会提示用户使用一个有效期 14 天的试用授权。

单击工具栏中部的视窗选择下拉按钮，则显示下拉菜单，已经安装的 STEP 7 软件如图 2-7 所示。选择"Installed software"选项，可以查看已经安装的软件信息。若选择"Licensed software"选项，可以查看已经得到授权的软件信息，已经授权的 STEP 7 软件如图 2-8 所示。选择"Missing license key"选项，可以查看所缺少的授权。

图 2-7　已经安装的 STEP 7 软件

图 2-8　已经授权的 STEP 7 软件

2.2 SIMATIC 管理器

2.2.1 SIMATIC 管理器概述

SIMATIC 管理器（SIMATIC Manager）是 STEP 7 的管理平台，是用于 S7-300 系列 PLC 项目组态、编程和管理的基本应用程序。STEP 7 安装完成后，在 Windows 环境下执行菜单命令"开始"→"SIMATIC"→"SIMATIC Manager"，或者用鼠标双击桌面上的图标启动 SIMATIC Manager。SIMATIC Manager 运行界面如图 2-9 所示。

图 2-9　SIMATIC Manager 运行界面

在 SIMATIC Manager 内可以同时打开多个项目，每个项目均用一个项目窗口进行管理。项目窗口类似于 Windows 的资源管理器，分为左右两个视窗，左边为项目结构视窗，显示项目的层次结构；右边为项目对象视窗，显示左视窗对应项目的内容。在右视窗内用鼠标双击对象图标可立即启动与对象相关联的编辑工具或属性窗口。

2.2.2 STEP 7 项目结构

在 STEP 7 的项目中，数据以对象形式存储。项目中的对象按树形结构组织项目层次。项目对象的树形结构类似于 Windows 资源管理器中文件夹和文件的目录结构，只是图标不同。图 2-9 为已展开的项目结构。

第 1 层：项目（图中 ZEn01_05_STEP 7_LAD_1-9）。项目代表了系统解决方案中的所有数据和程序的整体，它位于对象体系的最上层。

第 2 层：站（图中 SIMATIC 300(1)）或 S7/M7 程序（图中 S7 Program(1)）。SIMATIC 300 站用于存放硬件组态和模块参数等信息，站是组态硬件的起点。S7/M7 程序文件夹是编写程序的起点,所有 S7 系列的软件均存放在 S7 程序文件夹下,它包含程序块文件夹和源程序文件夹。

第 3 层和其他层:与上一层对象类型有关,如图中的 Blocks(程序块文件夹)。

2.2.3 SIMATIC Manager 自定义选项设置

执行菜单"Option"→"Customize"命令,打开"自定义选项设置"对话框,如图 2-10 所示。在该窗口内可进行自定义选项设置,下面介绍几个比较常用的设置。

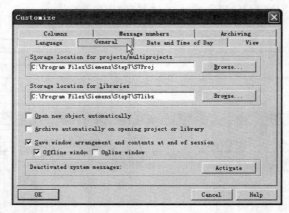

图 2-10 自定义选项设置对话框

1. 常规选项设置

选中"General"选项卡,在"Storage location for projects / multiprojects"区域可设置 STEP 7 项目、多项目的默认存储目录;在"Storage location for libraries"区域可设置 STEP 7 库的存储目录。使用对应的"Browse..."按钮可以选择一个不同的存储路径。

"Open new object automatically"选项可设置插入对象时是否自动打开编辑窗口。若选择本选项,则在插入对象后立即打开该对象,就可以编辑对象;否则必须用鼠标双击对象打开。

"Archive automatically on opening project or library"选项用来设置打开项目或库时是否自动归档。若选择本选项,总是在打开之前归档所选择的项目或库。

"Save window arrangement and contents at end of session"选项可设置在会话结束时是否保存窗口排列和内容。如果选择本选项,则在会话结束时,可保存离线项目窗口和在线项目窗口的窗口布局和内容。在开始下一个会话时,将恢复相同的窗口排列和内容。在打开的项目中,光标位于最后选中的文件夹上。

2. 助记符语言及环境语言设置

所谓"助记符"是指进行 PLC 程序设计时各种指令元素的标识,这些标识一般用单词的缩写形式表示以便于记忆,如 M(Memory)表示位存储器、T(Timer)表示定时器、C(Counter)(德语用 Z)表示计数器、I(Input)(德语用 E)表示输入元件、Q(Output)(德语用 A)表示输出元件、用 A(And)(德语用 U)表示逻辑"与"运算、用 O(Or)表示逻辑"或"运算等。

STEP 7 V5.4 在安装过程中提供了德语、英语、法语、西班牙语和意大利语 5 种可选择安装的环境语言和德语、英语两种助记符语言。在图 2-10 中选择"Language"选项卡，即可进入图 2-11 所示的"助记符语言设置"对话框。

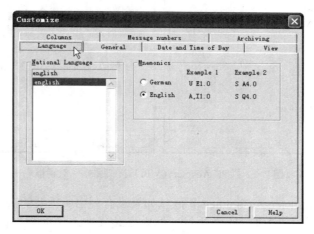

图 2-11 "助记符语言设置"对话框

对话框的左侧列出了已经安装的环境语言，选择一种语言后单击"OK"按钮，新的语言环境将在下次启动 SIMATIC Manager 后生效。语言环境更改后，软件的窗口、菜单和帮助系统等都将随之改变。

对话框的右侧是助记符语言列表，STEP 7 支持德语和英语两种风格的助记符语言，切换助记符语言后，单击"OK"按钮，新的助记符语言将在下次启动 SIMATIC Manager 后生效。这些语言主要影响各种元件的标识字符以及用于梯形图（LAD）、语句表（STL）和功能块图（FBD）中编程的指令集。

2.2.4　PG/PC 接口设置

PG/PC 接口（PG/PC Interface）是 PG/PC 与 PLC 之间进行通信连接的接口。在 STEP 7 环境下 PG/PC 可支持多种类型的通信接口，每种接口都需要进行相应的参数设置（如通信协议及波特率等）。因此，要实现 PG/PC 与 PLC 设备之间的通信连接，必须正确设置 PG/PC 接口参数。

STEP 7 安装过程中，安装向导会提示用户设置 PG/PC 接口的参数。在安装完成后，还可以通过以下几种方式打开 PG/PC 接口参数设置对话框。

1）在 Windows 环境下，执行菜单命令"开始"→"SIMATIC"→"STEP 7"→"Setting the PG-PC Interface"。

2）在 Windows 的控制面板内，用鼠标双击"Set PG/PC Interface"图标 。

3）在 SIMATIC Manager 窗口内，执行菜单命令"Option"→"Set PG/PC Interface"。

4）在"Interface Parameter Assignment"区域列出了已经安装的接口，选择其中一个接口，然后单击"Properties…"按钮，则弹出该接口的"属性"对话框，在该对话框内进行接口参数设置。不同接口有各自的属性对话框，"PC Adapter（MPI）接口属性"对话框如图 2-12 所示。

图 2-12 "PC Adapter（MPI）接口属性"对话框

在"Interface Parameter Assignment"区域如果没有列出所需要的接口类型，可通过单击"Select…"按钮，在如图 2-13 所示的对话框内安装（在左边的列表内选择需要安装的接口，然后单击"Install"按钮）相应的接口模块或协议。当然也可以卸载（在右边的列表内选择需要卸载的接口，然后用鼠标单击"Uninstall"按钮）不需要的接口模块或协议。

图 2-13 安装/卸载接口

2.3 技能训练 电动机起/停控制

在工业控制中，电动机起动和停止是最基本的控制环节，通常用传统的继电器-接触器进行控制。本技能训练要解决的问题就是：如何用 PLC 控制电动机的起动和停止？

2.3.1 用继电器–接触器控制三相交流异步电动机起/停

1. 元件清单

主回路需要刀开关 1 个、交流接触器 1 个、熔断器 3 个及热继电器 1 个，控制回路需要常闭按钮 1 个、常开按钮 2 个、熔断器 2 个。

2. 主回路

主回路原理图如图 2-14a 所示，其中 QS 为刀开关，主要用来接通或切断电源；FU1 为熔断器，对主回路起短路及严重过载保护作用；KM 为运行接触器的主触点；FR 为热继电器的加热元件，当电动机长时间过载时，其常闭触点动作，可起到过载保护作用；M 为三相异步电动机。

3. 控制回路

控制回路的原理图如图 2-14b 所示，其中 FU2 为熔断器，对控制回路起短路保护作用；FR 为主回路中热继电器的常闭触点，当电动机长时间过载时，其常闭触点动作并切断控制回路电源，从而对电动机起到过载保护作用；SB1 为起动按钮，采用常开按钮；SB2 为停止按钮，必须采用常闭按钮，除完成正常停机操作功能以外，还可保证在线路故障（线头脱落或老鼠咬断线路）时，不会出现电动机起动后无法停机的现象出现，确保电动机运行安全；KM 为控制接触器的线圈和常闭触点，KM 的常开触点与常开按钮 SB1 并联，并且串接于 KM 的线圈回路中，电动机在停止状态下，只要按下 SB1（不需要保持），KM 的线圈就会接通并通过其常开触点实现自锁。

图 2-14　电动机起/停控制原理图

a) 主回路　b) 控制回路

2.3.2　用 PLC 控制三相交流异步电动机起/停

1. 元件清单

主回路需要刀开关 1 个、交流接触器 1 个、熔断器 3 个、热继电器 1 个，主回路原理图同图 2-14a；控制回路需要中间继电器 1 个、熔断器两个、常开按钮 1 个、常闭按钮 1 个、PLC 装置 1 套，具体配置：PS307（5A）电源模块 1 个、CPU 314 模块 1 个、SM321 DI32×DC 24V 数字量信号输入模块 1 个、SM322 DO16×Rel AC 120V/230V 数字量信号输出模块 1 个（继电器输出）。

2. 控制回路

由于 PLC 的驱动能力有限，一般不能直接驱动大电流负载，而是通过中间继电器（线圈电压为直流 24V、触点电压为交流 380V）驱动接触器，然后由接触器再驱动大电流负载，这样还可以实现 PLC 系统与电气操作回路的电气隔离。所以控制回路包括 PLC 端子接线图（如图 2-15 所示）和接触器控制原理图（如图 2-16 所示），其中 KA 为控制用中间继电器的线圈及触点，KM 为控制用交流接触器的线圈及触点，SB1 为常开型的起动按钮，SB2 为常闭型的停止按钮，FR 是主回路中热继电器的常闭触点。

该 PLC 硬件系统所使用的数字量输入模块有 32 个输入点，每 8 点（1B）为一组，拥有一个公共端，分别用 1M、2M、3M、4M 表示，外部控制按钮（SB1、SB2）通过 DC 24V 送入相应的输入点（I0.0、I0.1）。所使用的数字量输出模块有 16 个输出点，每 8 点（1B）为一组，拥有一个公共电源输入端，分别用 1L、2L 表示，外部负载（KA）均通过电源（如 DC 24V）接在公共电源输入端（如 1L）与输出端（Q0.0）之间。

控制原理：在停机状态下，按下起动按钮 SB1，输入点 I0.0 接通，通过 PLC 内部用户程序控制，使输出点 Q0.0 接通，KA 线圈得电，其常开触点闭合，从而使 KM 线圈得电，串接于主回路的 KM1 主触点闭合，实现电动机的运转。在 PLC 内部通过程序运算，实现输出点 Q0.0 的自锁。当需要停机时，按下停止按钮 SB2，输入点 I0.1 断开，通过 PLC 内部用户程序控制，解除对 Q0.0 的自锁，Q0.0 断开，电动机停机。

图 2-15　PLC 端子接线图

图 2-16　接触器控制原理图

3. 控制程序

PLC 的控制程序可使用类似数字电路的功能块图实现。根据控制要求：在停机状态下按下起动按钮 SB1，则电动机起动并保持运转状态；按下停止按钮 SB2，则电动机立即停机。由此可列出电动机的控制逻辑简化真值表，如表 2-1 所示。其中，1 表示 PLC "软元件"的状态为 1，即触点闭合或线圈得电；0 表示 PLC "软元件"的状态为 0，即触点断开或线圈失电；"T"表示输出元件操作前的状态（现态）；"T+1"表示输出元件操作完成后的状态（次态）。

表 2-1　电动机的控制逻辑简化真值表

操作按钮		操作前的状态	操作后的状态	说　明
I0.0	I0.1	$Q0.0^T$	$Q0.0^{T+1}$	运转控制
1	1	0	1	停机状态下按起动按钮→运转
0	1	1	1	运转状态下松开起动按钮→运转保持
1	1	1	1	运转状态下再按按钮→运转保持

根据控制逻辑简化真值表，利用数字电路的基本知识，将使 $Q0.0^{T+1}$ 为 1 的最小项分别相加，可写出 $Q0.0^{T+1}$ 的逻辑表达式：

$$Q0.0^{T+1} = I0.0 \cdot I0.1 \cdot \overline{Q0.0^T} + \overline{I0.0} \cdot I0.1 \cdot Q0.0^T + I0.0 \cdot I0.1 \cdot Q0.0^T$$

化简后的逻辑表达式如下：

$$Q0.0^{T+1} = I0.1 \cdot (I0.0 + Q0.0^{T})$$

由此可绘制出 Q0.0 的电动机控制逻辑图，如图 2-17 所示。

在 STEP 7 环境下，FBD 语言的逻辑"与"指令及逻辑"或"指令与数字电路中所讲的逻辑"与门"及逻辑"或门"的符号及意义相同，FBD 语言的赋值指令用方框内的"="表示。由此可画出电动机起/停控制功能块图（FBD）语言程序，如图 2-18 所示。

图 2-17 电动机控制逻辑图

图 2-18 电动机起/停控制功能块图（FBD）语言程序

当然，在 STEP 7 的梯形图语言（LAD）环境下，也可以用若干个触点（或逻辑块）的串联来表示逻辑"与"的关系（逻辑与指令），用若干个触点（或逻辑块）的并联来表示逻辑"或"的关系（逻辑或指令），用一对圆括弧"( )"表示逻辑输出（赋值指令）。一个完整的逻辑关系必须从左边一条母线开始向右绘制，逻辑赋值指令必须与最右边一条母线相连，能流只能通过左母线、经状态为 1 的触点和赋值指令到右母线形成能流回路。按照这种方法可画出电动机起/停控制的梯形图（LAD）语言程序，如图 2-19 所示。其中的常开触点和常闭触点的符号及意义与继电器-接触器控制系统中的常开触点和常闭触点的符号及意义相同。

图 2-19 电动机起/停控制的梯形图（LAD）语言程序

2.3.3 PLC 系统的硬件组态及程序编制

要用 S7-300 系列 PLC 实现对电动机的起/停控制，除了要连接好前面介绍的主回路、PLC 外围控制回路及中间继电器-接触器控制回路以外，还必须在 STEP 7 环境下进行 PLC 的硬件组态（设置与实际硬件配置完全相同的硬件信息）、编写 PLC 的控制程序，并将硬件组态信息及控制程序下载到 PLC。下面结合电动机起/停控制任务，介绍如何在 STEP 7 环境下完成 PLC 系统设计。

1. 创建 S7 项目

创建新项目的最简单方法就是使用"新建项目"向导，创建步骤如下。

首先打开 SIMATIC Manager，然后执行菜单命令"File"→"New Project Wizard..."打开"新建项目"向导，如图 2-20 所示。勾选"Display Wizard on starting the SIMATIC Manager"选项，则每次启动 SIMATIC 管理器时将自动显示"新建项目"向导；单击"Preview"按钮可在项目向导下方预览项目结构。

在图 2-20 中单击"Next"按钮确认，并进入"CPU 选择"对话框，向导之二：选择 CPU 型号如图 2-21 所示。由于每个 CPU 都有自己的特性，所选择的 CPU 必须适合系统需要，并配置相应的 MPI（多点接口）地址，以便于 CPU 与编程设备（PG/PC）通信。本例选择 CPU314，设置 MPI 地址为 2，CPU 名称为"My CPU314"。

图 2-20 向导之一：新建项目   图 2-21 向导之二：选择 CPU 型号

在图 2-21 中单击"Next"按钮确认，并进入组织块（OB）和编程语言（STL、LAD、FBD）选择对话框，向导之三：选择组织块及编程语言如图 2-22 所示。

在"Blocks"区域中列出了当前 CPU 所能支持的组织块，其中 OB1 为主循环组织块，相当于一般语言的主程序，可调用 S7 的其他程序块，是 PLC 项目不可缺少的组织块。本例控制逻辑比较简单，所以只需选择循环组织块 OB1；在"Language for Selected Blocks"区域列出了可供选择的程序块编程语言，本例选功能块图语言（FBD）；"Create with source files"选项用来选择是否创建源文件，一般不需要。

单击"Next"按钮确认，并进入向导的最后一步，向导之四：项目命名如图 2-23 所示。在"Project name"区域需输入 PLC 项目名称。项目名称最长由 8 个 ASCII 字符组成，它们可以是大小写英文字母、数字或下划线，第一个符号必须为英文字母，名称不区分大小写。如果项目名称超出 8 个 ASCII 字符的长度，系统自动截取前 8 个字符作为项目名。因此，不同项目名称的前 8 个字符必须有所不同。本例将项目命名为"ch2-1"。

图 2-22 向导之三：选择组织块及编程语言   图 2-23 向导之四：项目命名

最后单击"Finish"按钮完成新项目创建,并返回到 SIMATIC 管理器。用"新建项目"向导所创建的项目如图 2-24 所示,项目已经创建了 SIMATIC 300 工作站及 MPI 子网。

图 2-24　用"新建项目"向导所创建的项目

2. 硬件组态

所谓硬件组态,就是使用 STEP 7 对 SIMATIC 工作站进行硬件配置和参数分配。所配置的数据以后可以通过"下载"命令传送到 PLC。硬件组态的条件是必须创建一个带有 SIMATIC 工作站的项目,组态步骤如下。

在图 2-24 所示的项目窗口的左视窗内,单击"工作站"图标 SIMATIC 300(1),然后在右视窗内用鼠标双击硬件配置图标 Hardware,则自动打开硬件配置(HW Config)窗口,如图 2-25 所示。如果窗口右边未出现硬件目录,可单击硬件目录图标显示硬件目录。利用向导所创建的项目,系统自动插入了一个机架(UR),并在 2 号槽位插入一个 CPU 模块。如果所插入的 CPU 模块与实际所用的 CPU 模块不一致,还可以手动插入一个 CPU 模块。

图 2-25　硬件配置环境

(1) 插入电源模块

在图 2-25 中选中 1 号槽位,然后在硬件目录内单击 SIMATIC 300 左边的田符号展开目录，再展开 PS-300 子目录，用鼠标双击 PS 307 5A 图标插入电源模块，配置 S7-300 PLC 硬件模块如图 2-26 所示，1 号槽位只能放电源模块。

图 2-26　配置 S7-300 PLC 硬件模块

（2）插入 CPU 模块

选中 2 号槽位，然后在硬件目录内展开 CPU-300 子目录下的 CPU 314 子目录，用鼠标双击 6ES7 314-1AG13-0AB0 图标插入 V2.6 版本的 CPU 314 模块，参见图 2-26。2 号槽位只能放置 CPU 模块，且 CPU 的型号及订货号必须与实际所选择的 CPU 相一致，否则将无法下载程序及硬件配置。

在模块列表内用鼠标双击 CPU 314 可打开 "CPU 314 属性"对话框，如图 2-27 所示。

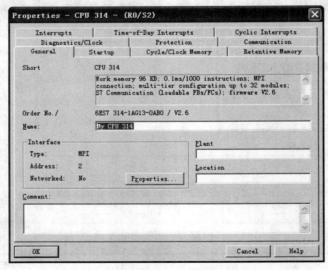

图 2-27　"CPU 314 属性"对话框

选中 "General"选项卡，在 "Name"区域可输入 CPU 的名称，如 "My CPU 314"；在 "Interface"区域单击 "Properties…" 按钮可打开 "CPU 接口属性"对话框，如图 2-28 所示。系统默认 MPI 子网名为 MPI（1），子网地址为 2，默认通信波特率为 187.5kbit/s。

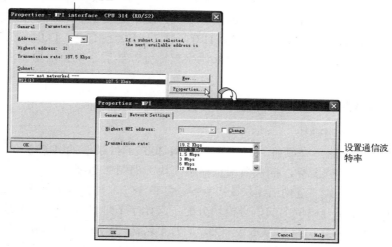

设置MPI站点地址

设置通信波特率

图 2-28　设置 CPU 接口属性

在图 2-28 中的 "Address" 区域可重设 MPI 子网地址，可设置的最高子网地址为 31，本例保持默认值。单击 "Properties…" 按钮打开 "MPI 属性" 对话框，在网络设置（Network Settings）选项卡的 "Highest MPI address" 区域可设置 MPI 子网的最高可用地址；在 "Transmission rate" 区域可设置通信波特率。

（3）插入数字量输入模块

选中 4 号槽位，然后在硬件目录内展开 SM-300 子目录下的 DI-300 子目录，用鼠标双击 ▌ SM 321 DI32xDC24V 图标，插入数字量输入模块，如图 2-26 所示。

在模块列表内用鼠标双击数字量输入模块▌ SM 321 DI32xDC24V，可打开数字量输入模块属性窗口，如图 2-29 所示。

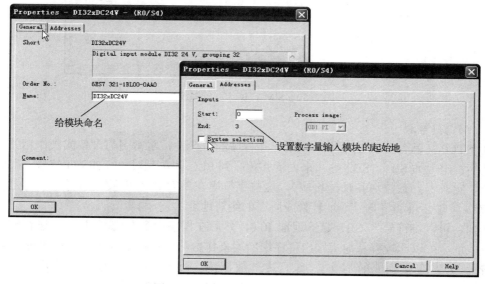

给模块命名

设置数字量输入模块的起始地

图 2-29　数字量输入模块属性窗口

在"General"选项卡的"Name"区域可更改模块名称；在"Address"选项卡的"Inputs"区域，系统自动为 4 号槽位上的信号模块分配了起始字节地址 0 和末字节地址 3，对应各输入点的位地址为：I0.0～I0.7、I1.0～I1.7、I2.0～I2.7、I3.0～I3.7。若不勾选"System selection"选项，用户可自由修改起始字节地址，然后系统会根据模块输入点数自动分配末字节地址。

注意：对于某些早期的 CPU 不支持信号模块的地址修改功能。

（4）插入数字量输出模块

选中 5 号槽位，然后在硬件目录内展开 SM-300 子目录下的 DO-300 子目录，双击 `SM 322 DO16xRel. AC120V/230V` 图标，插入数字量输出模块，如图 2-26 所示。

在模块列表内双击数字量输出模块 `DO16xRel. AC120V/230V`，可打开类似于图 2-29 的模块属性窗口。系统自动为 5 号槽位上的信号模块分配了起始字节地址 4 和末字节地址 5，对应各输出点的位地址为：Q4.0～Q4.7、Q5.0～Q5.7。若不勾选"System selection"选项，用户可自由修改起始字节地址，然后系统会根据模块输出点数自动分配末字节地址。本例取消对"System selection"选项的勾选，将输出模块的首字节地址设为 0，由于该模块的输出点数为 16 点，所以其末字节地址自动变为 1，对应各输出点的位地址为：Q0.0～Q0.7、Q1.0～Q1.7。

（5）编译硬件组态

硬件配置完成后，在硬件配置环境下使用菜单命令"Station"→"Consistency Check"可以检查硬件配置是否存在组态错误。如没有出现组态错误，可单击 工具保存并编译硬件配置结果。如果编译能够通过，系统会自动在当前工作站的程序块（Blocks）文件夹下创建一个系统数据（System data），该系统数据包含了所组态的全部硬件信息，SIMATIC 300 的系统数据如图 2-30 所示。

图 2-30 SIMATIC 300 的系统数据

3. 编辑符号表

在 STEP 7 程序设计过程中，为了增加程序的可读性，常常用与设备或操作相关的用户自定义字符串（如 SB1、SB2 等）来表示并关联到 PLC 的单元对象（如 I/O 信号、存储位、计数器、定时器、数据块和功能块等），这些字符串在 STEP 7 中被称为符号或符号地址，STEP 7 编译时会自动将符号地址转换成所需的绝对地址。

例如，可以将符号名 SB1 赋给地址 I0.0，然后在程序指令中就可用 SB1 进行编程。使用符号地址，可以比较容易地辨别出程序中所用操作数与过程控制项目中元素的对应关系。

符号表是符号地址的汇集，属于共享数据库，可以被不同的工具使用，如 LAD/STL/FBD 编辑器、Monitoring and Modifying Variables（监视和修改变量）、Display Reference

Data（显示参考数据）等。在符号表编辑器内，通过编辑符号表可以完成对象的符号定义，具体方法如下。

在项目管理器的 S7 Program（1）文件夹内，用鼠标双击 🗐Symbols 图标，打开符号表编辑器，系统自动打开符号表，如图 2-31 所示。符号表包含 Status（状态）、Symbol（符号名）、Address（地址）、Data type（数据类型）和 Comment（注释）等字段。每个符号占用符号表的一行。当定义一个新符号时，会自动插入一个空行。

图 2-31　编辑符号表

参照图 2-31 填入符号名称（Symbol 列）、绝对地址（Address 列）和注释（Comment 列），完成后单击 🖫 按钮保存。在符号表编辑器内，可通过"View"菜单实现对符号的排序、查找和替换，并可以设置过滤条件。

4．编制程序

在 STEP 7 环境下编写 PLC 控制程序时，可直接将所有程序全部放在组织块 OB1 中，也可以将控制程序按功能划分为若干个子程序块，分别放在功能（FCx）或功能块（FBx）中，然后在 OB1 中通过调用 FCx 和 FBx 实现程序的控制功能。直接将所有程序全部放在组织块 OB1 中不便于程序的检查，不推荐采用这种方法。下面采用第二种方法编写程序。首先创建一个功能 FC1，并用功能块图（FBD）语言对 FC1 进行编辑，然后在 OB1 中调用 FC1，具体步骤如下。

（1）创建功能 FC1（子程序）

在图 2-30 中单击 Blocks 文件夹，然后在右边的窗口中单击鼠标右键，执行快捷菜单命令"Insert new Object"→"Function"，则弹出"功能（Function）属性"对话框，创建 FC1 如图 2-32 所示。

图 2-32　创建 FC1

在对话框的"Name"（名称）栏内输入"FC1"，在"Symbolic Name"（符号名）栏内输入"FC1"，在"Symbol Comment"（符号注释）栏内输入"电动机运行"，在"Created in Language"（编程语言）栏内选择 FBD（功能块图语言），然后单击"OK"按钮确认，并在 Blocks 文件夹下创建一个 FC1。

（2）编辑 FC1

在 Blocks 文件夹内用鼠标双击 ⚏FC1 打开程序编辑窗口，如图 2-33 所示。编辑过程如下。

图 2-33　程序编辑窗口

1）单击 FC1 的程序块标题（Title），输入"电动机起保停控制程序"；单击 FC1 的程序块说明（Comment），输入"SB1（I0.0）为起动按钮，常开；SB2（I0.1）为停止按钮，常闭；KA1（Q0.0）为运行中间继电器"说明信息。

2）单击第一个程序段（Network 1）的标题部分，输入"电动机起保停控制程序段"；单击第一个程序段的说明部分，输入"在电动机停止状态下按起动按钮 SB1，则电动机运转并自锁；在电动机运行状态下，按停止按钮 SB2，则电动机停机并保持。"说明信息。

3）单击 Network 1 的程序编辑区域，参照图 2-18 及图 2-33 依次单击逻辑或指令图标

🔲、逻辑与指令图标🔲及输出指令图标🔲，然后在逻辑与指令块上选中一个输入信号端子，再依次添加输入信号端子图标🔲和输入信号端子取反图标🔲，完成第一个程序段的结构框架编辑，如图 2-34 所示。单击问号"??.?"，按图 2-33 分别输入相关信息，完成电动机控制程序的编辑。

图 2-34　程序段结构框架编辑

电动机起保停控制程序（FBD 语言）如图 2-35 所示。执行菜单命令"View"→"Display with"→"Comment"可显示/隐藏程序块及程序段的说明；执行菜单命令"View"→"Display with"→"Symbol Information"可显示/隐藏符号信息；执行菜单命令"View"→"Display with"→"Symbolic Representation"或单击快捷图标🔲可显示/隐藏符号地址。

图 2-35　电动机起保停控制程序（FBD 语言）

（3）查看 FC1 的梯形图（LAD）程序及语句表（STL）程序

在 STEP 7 环境下，程序可以方便地在几种基本语言（FBD、LAD、STL）之间进行转换，查看其他语言形式的程序结构，操作过程为：首先保存程序（如果程序有语法错误则不能保存，必须修正语法错误），然后执行菜单命令"View"→"LAD"，可切换到 LAD 显示及编辑方式，LAD 语言控制程序如图 2-36 所示；执行菜单命令"View"→"STL"，可切换到 STL 显示及编辑方式，STL 语言控制程序如图 2-37 所示。

图 2-36　LAD 语言控制程序

FC1：电动机起保停控制程序
Network 1：电动机起保停控制程序段
```
A(
O    I    0.0
O    Q    0.0
)
A    I    0.1
=    Q    0.0
```

图 2-37　STL 语言控制程序

（4）编辑组织块 OB1

子程序（FC1）编辑完成以后，还必须在 OB1 中进行调用才能被 CPU 执行，OB1 的编辑过程如下。

1）在项目管理器的 Blocks 文件夹内用鼠标双击 OB1图标打开 OB1 编辑窗口，然后执行菜单命令"View"→"LAD"切换到梯形图语言环境，在 OB1 的第一个程序段（Network 1）的标题区输入："调用电动机运行子程序，即调用功能 FC1"。

2）单击 Network 1 的程序编辑区域，在程序元素窗口内单击 FC blocks（功能子程序块）图标，展开目录并用鼠标双击 FC1 电动机运行 图标（也可将 FC1 直接拖到 Network 1 的编辑区域），即可将 FC1 加入到 OB1，完成 FC1 的调用，如图 2-38 所示。

图 2-38　编辑 OB1 并调用 FC1

2.3.4　方案调试

在完成电动机运行控制系统的主回路及 PLC 控制回路接线以后，还必须将 PLC 系统硬件信息及控制程序下载到 PLC 中，才能对系统进行调试。

1. 打开仿真工具 PLCSIM

下载 PLC 控制程序及硬件信息的前提是 PLC 必须连接到计算机，即有可用的 PLC 连接。如果用户练习时现场没有实际的 S7-300 系列 PLC，则可用 STEP 7 专业版自带的 S7-300 系列 PLC 仿真工具进行模拟下载及调试。在 SIMATIC Manager 窗口内，观察 PLCSIM 图标，如果该图标为灰色，说明 PLCSIM 工具没有安装，需安装后才能使用。

单击 PLCSIM 图标，弹出"Open Project"对话框，如图 2-39 所示。选中"Select CPU access node"（选择可访问的 CPU 节点）单选按钮，单击"OK"按钮则弹出"Select CPU Access Node"对话框，如图 2-40 所示。选中需要下载或调试的"可访问的 CPU 节点"，然后单击"OK"按钮即可打开 PLCSIM 仿真工具，PLCSIM 窗口如图 2-41 所示。

图 2-39　"Open Project"对话框

图 2-40　"Select CPU Access Node"对话框

图 2-41　PLCSIM 窗口

执行菜单命令"Tools"→"Options"→"Attach Symbols",选择 ch1-1 项目下的 Symbols(符号表)进行符号显示匹配,然后单击 Insert Vertical Bit 图标▣,插入两个按位垂直排列的字节变量,并分别输入字节地址 IB0 和 QB0。

CPU 仿真模块有 3 种工作模式:在 RUN 模式下,仿真器只能运行程序,而不能下载程序;在 STOP 模式下只能下载程序,而不能运行程序;在 RUN-P 下可下载程序,下载完成后自动切换到运行模式。因此,在下载 PLC 硬件信息及控制程序之前,需要将 CPU 的工作模式开关放到 STOP 或 RUN-P 模式。

在"PLCSIM"界面的 "PLC"下拉菜单中单击"MPI Address"命令,设定 PLC 仿真器的 MPI 地址与硬件组态中 CPU 的 MPI 地址相同。

2. 下载 PLC 硬件信息

在确认 PLC 与 PC 已经连接,且 PG-PC 接口设置与所用连接相匹配后,即可进行 PLC 硬件信息的下载。

在 SIMATIC Manager 的左视窗内,单击工作站图标▥ SIMATIC 300(1),然后在右视窗内用鼠标双击硬件配置图标▥ Hardware 打开 PLC 硬件配置窗口。单击下载工具图标▥,则弹出 "Select Target Module(选择目标模块)"对话框。单击"Select All"按钮,再单击"OK"按钮,则弹出"Select Node Address(选择节点地址)"对话框。单击"View"按钮,则会在 Accessible Nodes(可访问节点)视窗内列出所有可访问的节点地址,选择节点地址如图 2-42 所示。选中需要下载的节点,然后单击"OK"按钮进行下载,同时将显示下载进度对话框。下载完成后该对话框自动关闭。

图 2-42　选择节点地址

3. 下载 PLC 控制程序

在 SIMATIC Manager 的左视窗内，单击程序块图标 Blocks，然后在右视窗内选择要下载的程序块（本例为 OB1 和 FC1），再单击下载工具图标 进行下载。

4. 调试 PLC 控制系统

在 PLCSIM 仿真窗口内，将 CPU 模式开关切换到 RUN 模式，表 2-2 所示为 PLC 起/停控制系统仿真调试顺序。通过设置 SB1、SB2 的状态，可观察 KA1 的状态，KA1 的状态不要人为设置。当位变量被勾选时，该变量为 1，否则为 0。

表 2-2　PLC 起/停控制系统仿真调试顺序

调试顺序	SB1	SB2	KA1	说　明
1	0	0	0	未进行操作
2	0	1	0	设置 SB2 初始状态（常闭）
3	1	1	1	按 SB1，起动运转
4	0	1	1	SB1 复位，保持运转状态（自锁）
5	0	0	0	按 SB2，电动机从运转状态切换到停机状态
6	0	1	0	SB2 复位，保持停机状态

在仿真调试的同时还可以打开 FC1 程序块，在线监视程序的运行状况。在 SIMATIC Manager 的左视窗内，单击程序块图标 Blocks，然后在右视窗内用鼠标双击并打开 FC1。单击监视图标 ，通过操作 PLCSIM 窗口内变量的状态，可观察程序中元件状态的变化，在线监视程序如图 2-43 所示。其中绿色（实线）表示元件状态为 1，或已形成能流回路；蓝色（虚线）表示元件状态为 0，或未形成能流回路。

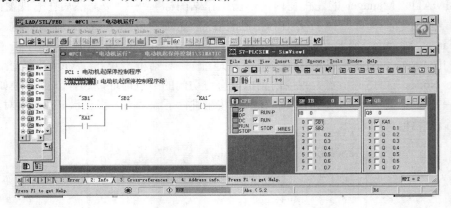

图 2-43　在线监视程序

2.4　PLC 控制系统与其他控制系统的区别

2.4.1　PLC 控制与继电器–接触器控制的区别

通过本项目的学习可以知道，用传统的继电器-接触器和 PLC 都可以实现相同的逻辑控制功能，但两者在实现方式上有很大区别，具体表现在以下几点。

1．实现控制逻辑的方式不同

在传统的继电器-接触器控制方案中，输入、输出信号间的逻辑关系是通过各种继电器或接触器之间的实际布线来实现，由于控制功能完全由固定的硬件连接确定，因此其控制逻辑不易改变，控制功能单一，应用不够灵活；在 PLC 控制方案中，输入、输出信号间的逻辑关系是通过 PLC 内部的用户程序来实现的，外部的布线不需要任何变动，只要改变用户程序就可以实现不同的控制功能，因此 PLC 系统的应用比较灵活。

2．组成系统的元件特性不同

传统的继电器-接触器控制线路是由许多真正的继电器和接触器组成，其触点有限，易磨损，属于纯粹的硬件结构；而 PLC 的用户程序是由许多被称为"软继电器"元件组成，每个元件都有无数个触点，无使用数量的限制，且不存在机械磨损现象。

3．工作方式不同

继电器-接触器控制系统采用以并行的方式工作，而 PLC 为串行工作方式。为了消除 PLC 的元器件触点不能同时动作的问题，在 PLC 一个扫描周期的开始，系统对所有输入元器件集中采集一次，在扫描周期的结束，集中将各输出元器件的状态送出，这样可以保证一个扫描周期内，一个元器件的各个触点状态的一致性。由于继电器和接触器的动作时间一般在 100ms 以上，而 PLC 的一个扫描周期在 100ms 以内，所以 PLC 与继电器-接触器系统在处理时间上的差异可以不考虑。

另外，PLC 系统除了可以实现基本的逻辑控制功能以外，还具有数据的采集、存储与处理及数据通信等功能，通过监控软件还能实现远程监控，而继电器-接触器系统则只能进行逻辑控制。

2.4.2 仿真 PLC 与实际 PLC 的区别

1．仿真 PLC 特有的功能

仿真 PLC 有下述实际 PLC 没有的功能。

1）可以立即暂时停止执行用户程序，对程序状态不会有什么影响。

2）由 RUN 模式进入 STOP 模式不会改变输出的状态。

3）视图对象中的变动立即使对应的存储区中的内容发生相应的改变。实际的 CPU 要等到扫描结束时才会修改存储区。

4）可以选择单次扫描或连续扫描。

5）可使定时器自动运行或手动运行，可以手动复位全部定时器或指定的定时器。

6）可以手动触发下列中断 OB：OB40～OB47（硬件中断）、OB70（I/O 冗余错误）、OB72（CPU 冗余错误）、OB73（通信冗余错误）、OB80（时间错误）、OB82（诊断中断）、OB83（插入/拔出模块）、OB85（程序顺序错误）、OB86（机架故障）。

7）对映像存储器与外设存储器的处理：如果在视图对象中改变了过程输入的值，S7-PLCSIM 立即将它复制到外设存储区。在下一次扫描开始，外设输入值被写到过程映像寄存器时，希望的变化不会丢失。在改变过程输出值时，它被立即复制到外设输出存储区。

2．仿真 PLC 与实际 PLC 的区别

1）PLCSIM 不支持写到诊断缓冲区的错误报文。例如，不能对电池断电和 E^2PROM 故

障仿真，但是可以对大多数 I/O 错误和程序错误仿真。

2）工作模式的改变（如由 RUN 转换 STOP 模式）不会使 I/O 进入"安全"状态。

3）不支持功能模块和点对点通信。

4）支持有 4 个累加器的 S7-400 CPU，在某些情况下 S7-400 PLC 与只有两个累加器的 S7-300 PLC 的程序运行可能不同。

5）S7-300 PLC 的大多数 CPU 的 I/O 是自动组态的，模块插入物理控制器后被 CPU 自动识别。仿真 PLC 没有这种自动识别功能。如果将自动识别 I/O 的 S7-300 PLC 程序下载到仿真 PLC，则系统数据没有 I/O 组态。因此在用 PLCSIM 仿真 S7-300 PLC 程序时，如果想定义 CPU 支持的模块，首先必须下载硬件组态。

2.4.3　PLC 系统的设计步骤

在用 SETP 7 软件设计 S7-300 系列 PLC 应用系统时，既可以采用先硬件组态，后创建程序的方式，也可以采用先创建程序，后硬件组态的方式，PLC 系统设计流程如图 2-44 所示。如果要创建一个使用较多输入和输出点的复杂程序，建议先进行硬件组态、编辑符号表，然后再创建用户程序，这样可以使用元件的符号地址进行编程与校验，增强用户程序可读性，还可以避免元件的引用错误，提高程序的编写效率。

图 2-44　PLC 系统设计流程

2.4.4　PLC 设计项目的下载

对于初学者而言，进行 PLC 设计项目的下载时，在确认 PC 与 PLC 的连接及接口设置没有问题的前提下，还会遇到不能完成下载的情况。问题可能是目标 PLC 曾经被其他人下载过系统硬件信息，PC 上设计项目内所用 CPU 的 MPI 或 PROFIBUS 地址与实际目标 PLC 的 MPI 或 PROFIBUS 地址不一致。

解决的办法也是推荐的下载方式：先在硬件组态环境下选择可访问节点地址（见图 2-42），下载硬件信息，然后就可以顺利完成程序块的下载。

另外，在进行硬件组态时，4～11 号槽位可以放置数字量信号模块，也可以放置模拟量信号模块、通信处理器或功能模块。具体放置什么模块则必须与实际模块的安装顺序一致，且所放置的模块型号及订货号必须与实际模块相同，否则同样会出现下载错误。

2.5 习题

1. STEP 7 的标准版配置了哪 3 种基本的编程语言？
2. 硬件组态的任务是什么？
3. 怎样打开和关闭梯形图和语句表中的符号显示方式和符号信息？
4. PLC 控制方式与继电器控制方式有什么不同？
5. 仿真 PLC 与实际 PLC 有什么不同？
6. 如何使仿真 PLC 的符号与实际符号一致？

第3章 基本逻辑指令的应用

3.1 指令基础

3.1.1 指令的基本知识

1. 指令的组成

指令是组成程序的最小独立单位，用户程序由若干条顺序排列的指令构成。指令一般由操作码和操作数组成，其中的操作码代表指令要完成的具体功能，操作数则是该指令操作或运算的对象。例如，对于 STL 指令"A   I0.0"，其中"A"是操作码，表示该指令的功能是逻辑"与"操作；"I0.0"是操作数，也就是数字量输入模块的第 0 字节的第 0 位；该指令的功能就是对 I0.0 进行"与"操作。

2. 变量、常数及其数据类型

指令操作数既可以是变量，也可以是常量或常数。如果指令的操作数是变量，则该变量既可以用绝对地址表示，也可以用符号地址表示。绝对地址是数字地址；符号地址是用户在符号表或声明表中定义的与绝对地址相对应并具有一定意义的字符串。

（1）变量的绝对地址

对于一个信号输入模块或输出模块而言，每个输入/输出点或输入/输出通道的绝对地址都是确定的，可以采用系统默认地址，也可以由用户在硬件组态时为模块指定起始地址。但对数字量信号和模拟量信号的表示是有区别的。

数字量信号包含二进制"位"信息，该"位"信息可以是一个限位开关、按钮等操作机构对数字量输入模块的输入信号，也可以是数字量输出模块对指示灯、接触器等执行机构的输出信号。

模拟量信号包含 16 位信息，对应模拟量信号模块的一个通道，在 PLC 中用 1 字（Word）或 2B（Byte）表示。

PLC 中的数字量信号以布尔（BOOL）类型存储，而模拟量信号则以整数（INT）或者实数（REAR）类型存储。在 STEP 7 中有 4 种数据类型长度可以被变量的绝对地址引用。

1）1 位（Bit）适用于布尔数据类型。布尔类型变量通过一个变量标识符、一个字节数字、一个间隔符（小数点）和一个位数字引用一个绝对地址。字节数字的编号从每个存储区域的 0 地址开始，其上限受 CPU 限制；位数字范围是 0～7。例如：I1.0 表示数字量输入区域的第 1B 的第 0 位；Q16.4 表示数字量输出区域的第 16B 的第 4 位。

2）8 位适用于字节（BYTE）类型或其他长度为 8 位的布尔数据类型。字节类型变量通过一个地址标识符 B 和一个字节数字编号来引用一个绝对地址。例如：IB2 表示数字量输入区域的第 2B；QB18 表示数字量输出区域的第 18B。

3）16 位适用于字（WORD）类型或其他长度为 16 位的数据类型。字类型变量通过一个地址标识符 W 和一个字数字编号来引用一个绝对地址。1 字由 2B 组成，其中高地址字节位于字的低位、低地址字节位于字的高位。为了避免两个字变量出现字节重叠，一般规定字的地址用偶数表示。例如：IW4 表示数字量输入区域地址是 4 的字，它包含 IB4（高字节）和 IB5（低字节）；QW20 表示数字量输出区域地址是 20 的字，它包含 QB20（高字节）和 QB21（低字节）。

4）32 位适用于双字（DWORD）类型或其他长度为 32 位的数据类型。双字类型变量通过一个地址标识符 D 和一个双字数字编号来引用一个绝对地址。1 双字由 4 字节组成，其中最高地址字节位于双字的最低位、最低地址字节位于双字的最高位。为了避免两个双字变量出现字节重叠，一般规定双字的地址用 4 的倍数表示。例如：ID8 表示数字量输入区域地址是 8 的双字，它包含 IB8（高字节）、IB9（次高字节）、IB10（次低字节）和 IB11（低字节）；QD24 表示数字量输出区域地址是 24 的双字，它包含 QB24（高字节）、QB25（次高字节）、QB26（次低字节）和 QB27（低字节）。字节、字及双字的关系如图 3-1 所示。

图 3-1　字节、字及双字的关系

（2）变量的符号地址

符号地址就是用户给绝对地址所起的名字（字符串），可以用来代替对应的绝对地址。符号必须先定义再使用，定义的符号可以由大小写字母、数字及下画线构成，且必须以字母开头，长度不超过 24 个字符，所定义的符号不能是系统关键词。根据使用场合不同，符号分为全局符号和局部符号。

● 全局符号：SIMATIC Manager 的符号表中定义的符号，可以适用于所有的程序块。
● 局部符号：在某个程序块（OB、FC、FB 等）的变量声明表中定义的符号，只能应用于该程序块。如果定义的局部符号与全局符号重名，该局部符号前会自动添加一个"#"。

（3）常数及其数据类型

常数是预先给定的数据。在 STEP 7 中，每个常数都有一个前缀来表示其数据类型。

数据类型决定数据的属性。在 STEP 7 中，数据类型分为 3 大类：基本数据类型、复杂数据类型和参数类型。

1）基本数据类型定义不超过 32 位的数据（符合 IEC1133-3 的规定），可以装入 S7 处理器的累加器中，利用 STEP 7 基本指令处理。基本数据有布尔型（BOOL）、整数型（INT）、实数型（REAT）和 BCD 码 4 种类型，具体分为 16 种，每一个数据类型都具备关键词、数据长度、取值范围及常数表示形式等属性，表 3-1 列出了 S7-300 PLC 支持的基本数据类型。

表 3-1 S7-300 PLC 支持的基本数据类型

类型（关键词）	位数	表示形式	数据与范围	示例
布尔（BOOL）	1	布尔量	True 或 False	True
字节（BYTE）	8	十六进制	B#16#0～B#16#FF	L B#16#20
字（WORD）	16	二进制	2#0～2#1111_1111_1111_1111	L 2#0000_0011_1000_0000
		十六进制	W#16#0～W#16#FFFF	L W#16#0380
		BCD 码	C#0～C#999	L C#896
		无符号十进制	B#(0,0)～B#(255,255)	L B#(10,10)
双字（DWORD）	32	十六进制	DW#16#0000_0000 ～ DW#16#FFFF_FFFF	L DW#16#0123_ABCD
		无符号数	B#(0,0,0,0)～B#(255,255,255,255)	L B#(1,23,45,67)
字符（CHAR）	8	ASCII 字符	可打印 ASCII 字符	'A'、'0'、','
整数（INT）	16	有符号十进制数	−32768～+32767	L −23
长整数（DINT）	32	有符号十进制数	L#−214 7483 648～ L#214 7483 647	L #23
实数（REAL）	32	IEEE 浮点数	±1.175 495e−38～±3.402 823e+38	L 2.345 67e+2
时间（TIME）	32	带符号 IEC 时间，分辨率为 1ms	T#−24D_20H_31M_23S_648MS～T#24D_20H_31M_23S_647MS	L T#8D_7H_6M_5S_0MS
日期（DATE）	32	IEC 日期，分辨率为 1 天	D#1990_1_1～D#2168_12_31	L D#2005_9_27
实时时间（Time_Of_Daytod）	32	实时时间，分辨率为 1ms	TOD#0:0.0.0～TOD#23:59:59.999	L TOD#8:30:45.12
S5 系统时间（S5TIME）	32	S5 时间，以 10ms 为时基	S5T#0H_0M_10MS～S5T#2H_46M_30S_0MS	L S5T#1H_1M_2S_10MS

在表 3-1 中，布尔数据为无符号数据，可以是一个位（bit）、一个字节（B）、一个字（W）和一个双字（D），可以用二进制或十六进制表示。

整数数据为有符号数据，其最高位为符号位，0 为正数，1 为负数，用二进制补码表示，正数的补码是它本身，负数的补码是各位取反后再加 1 为其绝对值。有 16 位整数和 32 位双整数两种，取值范围是−32768～+32767（16 位）或−2147483648～+2147483647（32 位）。

实数数据为 32 位有符号的浮点数，其最高位为符号位，0 为正数，1 为负数。浮点数的优点是用有限的存储空间可以表示一个非常大或非常小的数。浮点数的数据范围为：$\pm1.175495\times10^{-38}\sim\pm3.402823\times10^{+38}$。

2）复杂数据类型定义超过 32 位或由其他数据类型组成的数据。复杂数据类型要预定义，其变量只能在全局数据块中声明，可以作为参数或逻辑块的局部变量。STEP 7 支持数组（ARRAY）、结构（STRUCT）、字符串（STRING）、日期和时间（DATE_AND_TIME）、用户定义的数据类型（UDT）、功能块类型（FB、SFB）等 6 种复杂数据类型。STEP 7 的指令不能一次处理一个复杂的数据类型（大于 32 位），但是一次可以处理一个元素。

3）参数类型是一种用于逻辑块（FB、FC）之间传递参数的数据类型，主要有定时器（TIMER）、计数器（COUNTER）、块（BLOCK）、指针（POINTER）和 ANY 等类型。

3．S7-300 系列 PLC 用户存储区的分类及功能

PLC 的用户存储区在使用时必须按功能区分使用，所以在学习指令之前必须熟悉存储区的分类、表示方法、操作及功能。S7-300 系列 PLC 的存储区域的划分、功能、访问方式及标识符如表 3-2 所示。

表 3-2　S7-300 系列 PLC 的存储区域的划分、功能访问方式及标识符

存 储 区 域	功　能	运算单位	寻址范围	标识符
输入过程映像寄存器（又称输入继电器）（I）	在扫描循环的开始，操作系统从现场（又称过程）读取控制按钮、行程开关及各种传感器等送来的输入信号，并存入输入过程映像寄存器，其每一位对应数字量输入模块的一个输入端子	输入位	0.0～65535.7	I
		输入字节	0～65535	IB
		输入字	0～65534	IW
		输入双字	0～65532	ID
输出过程映像寄存器（又称输出继电器）（Q）	在扫描循环期间，逻辑运算的结果存入输出过程映像寄存器；在循环扫描结束前，操作系统从输出过程映像寄存器读出最终结果，并将其传送到数字量输出模块，直接控制 PLC 外部的指示灯、接触器、执行器等控制对象	输出位	0.0～65535.7	Q
		输出字节	0～65535	QB
		输出字	0～65534	QW
		输出双字	0～65532	QD
位存储器（又称辅助继电器）（M）	位存储器与 PLC 外部对象没有任何关系，其功能类似于继电器控制电路中的中间继电器，主要用来存储程序运算过程中的临时结果，可为编程提供无数量限制的触点，可以被驱动，但不能直接驱动任何负载	存储位	0.0～255.7	M
		存储字节	0～255	MB
		存储字	0～254	MW
		存储双字	0～252	MD
外部输入寄存器（PI）	用户可以通过外部输入寄存器直接访问模拟量输入模块，以便接收来自现场的模拟量输入信号	外部输入字节	0～65535	PIB
		外部输入字	0～65534	PIW
		外部输入双字	0～65532	PID
外部输出寄存器（PQ）	用户可以通过外部输出寄存器直接访问模拟量输出模块，以便将模拟量输出信号送给现场的控制执行器	外部输出字节	0～65535	PQB
		外部输出字	0～65534	PQW
		外部输出双字	0～65532	PQD
定时器（T）	作为定时器指令使用，访问该存储区可获得定时器的剩余时间	定时器	0～255	T
计数器（C）	作为计数器指令使用，访问该存储区可获得计数器的当前值	计数器	0～255	C
数据块寄存器（DB）	数据块寄存器用于存储所有数据块的数据，最多可同时打开一个共享数据块 DB 和一个背景数据块 DI；用"OPEN DB"指令可打开一个共享数据块 DB，用"OPEN DI"指令可打开一个背景数据块 DI	数据位	0.0～65535.7	DBX 或 DIX
		数据字节	0～65535	DBB 或 DIB
		数据字	0～65534	DBW 或 DIW
		数据双字	0～65532	DBD 或 DID
本地数据寄存器（又称本地数据）（L）	本地数据寄存器用来存储逻辑块（OB、FB 或 FC）中使用的临时数据，一般用做中间暂存器；这些数据实际存放在本地数据堆栈（又称 L 堆栈）中，当逻辑块执行结束时数据自然丢失	本地数据位	0.0～65535.7	L

3.1.2　寻址方式和累加器

1．操作数的寻址方式

所谓寻址方式就是指令执行时获取操作数的方式，可以用直接或间接方式给出操作数。STEP 7 系统支持 4 种寻址方式：立即寻址、存储器直接寻址、存储器间接寻址和寄存器间接寻址。

（1）立即寻址

立即寻址是对常数或常量的寻址方式，其特点是操作数直接表示在指令中，或以唯一形式隐含在指令中。下面各条指令操作数均采用了立即寻址方式，其中"//"后面的内容为指令的注释部分，对指令的功能及执行没有任何影响。

L	66	//把常数 66 装入累加器 1 中
AW	W#16#168	//将十六进制数 168 与累加器 1 的低字进行 "与" 运算
SET		//默认操作数为 RLO，实现对 RLO 的置 1 操作

（2）存储器直接寻址

存储器直接寻址简称为直接寻址。该寻址方式在指令中直接给出操作数的存储单元地址。存储单元地址可用符号地址（如 SB1、KM 等）或绝对地址（如 I0.0、Q4.1 等）。下面各条指令操作数均采用了直接寻址方式。

A	I0.0	//对输入位 I0.0 执行逻辑 "与" 运算
=	Q4.1	//将逻辑运算结果送给输出继电器 Q4.1
L	MW2	//将存储字 MW2 的内容装入累加器 1
T	DBW4	//将累加器 1 低字中的内容传送给数据字 DBW4

（3）存储器间接寻址

存储器间接寻址简称为间接寻址。该寻址方式在指令中以存储器的形式给出操作数所在存储器单元的地址，也就是说该存储器的内容是操作数所在存储器单元的地址。该存储器一般称为地址指针，在指令中需写在方括号 "[ ]" 内。地址指针可以是字或双字，对于地址范围小于 65535 的存储器（如 T、C、DB、FB、FC 等）可以用字指针；对于其他存储器（如 I、Q、M 等）则要使用双字指针。如果要用双字指针访问字节、字或双字存储器，必须保证指针的位编号为 0。存储器间接寻址的双字指针的格式如图 3-2 所示。其中，位 0~2（**xxx**）为被寻址地址中位的编号（0~7），位 3~18 为被寻址地址的字节的编号（0~65535）。

位序	31	24	23	16	15	8	7	0
	0000	0000	0000	0bbb	bbbb	bbbb	bbbb	bxxx

图 3-2　存储器间接寻址的双字指针的格式

【例 3-1】　存储器间接寻址单字格式的指针寻址实例。

L	2	//将数字 2#0000_0000_0000_0010 装入累加器 1
T	MW50	//将累加器 1 低字中的内容传给 MW50 作为指针值
OPN	DB35	//打开共享数据块 DB35
L	DBW[MW50]	//将共享数据块 DBW2 的内容装入累加器 1

【例 3-2】　存储器间接寻址双字格式的指针寻址实例。

L	P#8.7	//把指针值装载到累加器 1。
		//P#8.7 的指针值为：2#0000_0000_0000_0000_0000_0000_0100_0111
T	[MD2]	//把指针值传送到 MD2
A	I[MD2]	//查询 I8.7 的信号状态
=	Q[MD2]	//给输出位 Q8.7 赋值

（4）寄存器间接寻址

寄存器间接寻址简称为寄存器寻址。该寻址方式在指令中通过地址寄存器和偏移量间接获取操作数，其中的地址寄存器及偏移量必须写在方括号 "[ ]" 内。在 S7-300 PLC 中有两个地址寄存器 AR1 和 AR2，用地址寄存器的内容加上偏移量形成地址指针，并指向操作数所在的存储器单元。地址寄存器的地址指针有两种格式，其长度均为双字，寄存器间接寻址的双字指针格式如图 3-3 所示。其中，位 0～2（xxx）为被寻址地址中位的编号（0～7），位 3～18 为被寻址地址中字节的编号（0～65535），位 24～26（rrr）为被寻址地址的区域标识号，位 31 的 x=0 为区域内的间接寻址，x=1 为区域外的间接寻址。

图 3-3　寄存器间接寻址的双字指针格式

第 1 种地址指针格式包括被寻址数据所在存储单元地址的字节编号和位编号，至于对哪个存储区寻址，则必须在指令中明确给出。这种格式适用于在确定的存储区内寻址，即区域内寄存器间接寻址。

第 2 种地址指针格式包含了数据所在存储区的说明位（存储区域标识位），可通过改变标识位实现跨区域寻址，区域标识由位 26～24 确定，地址指针区域标识位的含义如表 3-3 所示。这种指针格式适用于区域间寄存器间接寻址。

表 3-3　地址指针区域标识位的含义

位 26、25、24 二进制值	存　储　区	区域标识符
000	外设 I/O 存储区	P
001	输入过程映像寄存器	I
010	输出过程映像寄存器	Q
011	位存储	M
100	共享数据块	DBX
101	背景数据块	DBI
111	先前的本地数据，也就是先前为完成块的本地数据	L

2. 累加器

累加器是用于处理字节、字或双字的 32 位累加器。S7-300 PLC 有两个累加器（累加器 ACCU1 和累加器 ACCU2），可以把操作数送入累加器，并在累加器中进行运算和处理。处理 8 位或 16 位数据时，数据放在累加器中的低位（右对齐），空出的高位用 0 填补。

3.2　触点与线圈

在 LAD（梯形图）程序中，通常使用类似继电器控制电路中的触点符号及线圈符号来表示 PLC 的位元件，被扫描的操作数（用绝对地址或符号地址表示）则标注在触点符号或线圈符号的上方，如图 3-4 所示。

图 3-4　触点和线圈

a) 常开触点　b) 常闭触点　c) 输出线圈　d) 中间输出

1. 常开触点

常开触点的符号如图 3-4a 所示。与继电器的常开触点相似，对应的元件被操作时，其常开触点闭合；否则，对应常开触点"复位"，即触点仍处于断开的状态。

2. 常闭触点

常闭触点的符号如图 3-4b 所示。与继电器的常闭触点相似，对应的元件被操作时，其常闭触点断开；否则，对应常闭触点"复位"，即触点仍保持闭合的状态。

3. 输出线圈（赋值指令）

输出线圈的符号如图 3-4c 所示，输出线圈与继电器控制电路中继电器的线圈一样，如果有电流（信号流）流过线圈（RLO=1），则元件被驱动，与其对应的常开触点闭合、常闭触点断开；如果没有电流流过线圈（RLO=0），则元件被复位，与其对应的常开触点断开、常闭触点闭合。

输出线圈等同于 STL 程序中的赋值指令（用等于号"="表示）。

4. 中间输出

中间输出的符号如图 3-4d 所示。在梯形图设计时，如果一个逻辑串很长不便于编辑时，可以将逻辑串分成几个段，前一段的逻辑运算结果（RLO）可作为中间输出存储在位存储器 M 中，该存储位可以当作一个触点出现在其他逻辑串中。中间输出只能放在梯形图逻辑串的中间，而不能出现在最左端或最右端。对图 3-5a 所示的梯形图，可等效为图 3-5b 的形式。

图 3-5a 中的 M1.0 为中间输出的位存储器，当输入位 I2.0 和 I2.1 同时动作时，存储位 M1.0 被置 1，输出位 Q4.0 动作；否则 M1.0 被置 0，Q4.0 复位。当 I2.0、I2.1 同时动作（M1.0 被置 1）且 I2.2 也动作时，Q4.1 信号状态为 1；否则 Q4.1 信号状态为 0。

图 3-5　中间输出的应用

3.3 基本逻辑指令

基本逻辑指令包括："与""或""异或"和"取反"指令。

3.3.1 逻辑"与"指令

逻辑"与"指令有两种形式（STL 和 FBD），用 LAD 也可以实现逻辑"与"运算，逻辑"与"指令的格式及示例如表 3-4 所示。STL 指令中的"A"表示对原变量（常开触点）执行逻辑"与"操作，"AN"表示对反变量（常闭触点）执行逻辑"与"操作。

表 3-4　逻辑"与"指令的格式及示例

指 令 形 式	STL	FBD	等效梯形图
格式	A　位地址 1 A　位地址 2	"位地址1"、"位地址2" &	"位地址1"　"位地址2"
示例 1	A　　I0.0 A　　I0.1 =　　Q4.0 =　　Q4.1	I0.0、I0.1 & → Q4.0 = ; Q4.1 =	I0.0　I0.1　Q4.0 Q4.1
示例 2	A　　I0.2 AN　M8.3 =　　Q4.1	I0.2、M8.3 & → Q4.1 =	I0.2　M8.3　Q4.1

在示例 1 中，当 I0.0 和 I0.1 都为 1，Q4.0 和 Q4.1 为 1（继电器线圈得电，Q4.0 和 Q4.1 的触点动作）；否则，Q4.0 和 Q4.1 为 0（继电器线圈失电，Q4.0 和 Q4.1 的触点复位）。在示例 2 中，当 I0.2 为 1（常开触点闭合）、且 M8.3 为 0（常闭触点闭合）时，Q4.1 为 1；否则 Q4.1 为 0。

3.3.2　逻辑"或"指令

逻辑"或"指令有两种指令形式（STL 和 FBD），用 LAD 也可以实现逻辑"或"运算，逻辑"或"指令的格式及示例如表 3-5 所示。STL 指令中的"O"表示对原变量（常开触点）执行逻辑"或"操作；"ON"表示对反变量（常闭触点）执行逻辑"或"操作。

表 3-5　逻辑"或"指令的格式及示例

指 令 形 式	STL	FBD	等效梯形图
格式	O　位地址 1 O　位地址 2	"位地址1"、"位地址2" >=1	"位地址1" "位地址2"
示例 1	O　　I0.2 O　　I0.3 =　　Q4.2	I0.2、I0.3 >=1 → Q4.2 =	I0.2　Q4.2 I0.3
示例 2	O　　I0.2 ON　M10.1 =　　Q4.2	I0.2、M10.1 >=1 → Q4.2 =	I0.2　Q4.2 M10.1

在示例 1 中，I0.2 和 I0.3 只要有一个为 1，Q4.2 即为 1；I0.2 和 I0.3 均为 0 时，Q4.2 才为 0。在示例 2 中，若 I0.2 为 1 或 M10.1 为 0 时，Q4.2 为 1；若 I0.2 为 0 且 M10.1 为 1 时，Q4.2 才为 0。

3.3.3　逻辑"异或"指令

逻辑"异或"指令有两种指令形式（STL 和 FBD），用 LAD 也可以实现逻辑"异或"

运算，逻辑"异或"指令的格式及示例如表 3-6 所示。STL 指令中的"X"表示对原变量（常开触点）执行逻辑"异或"操作，"XN"表示对反变量（常闭触点）执行逻辑"异或"操作。

表 3-6　逻辑"异或"指令的格式及示例

指令形式	STL	FBD	等效梯形图
格式	X　位地址 1 X　位地址 2 XN　位地址 1 XN　位地址 2		
示例 1	X　I0.4 X　I0.5 =　Q4.3 XN　I0.4 XN　I0.5 =　Q4.3		
示例 2	X　I0.4 XN　I0.5 =　Q4.3		

在示例 1 中，I0.4 和 I0.5 为逻辑"异或"的关系。当 I0.4 和 I0.5 不同时，输出位 Q4.3 为 1；否则 Q4.3 为 0。在示例 2 中，I0.4 和 I0.5 为逻辑"同或"的关系。当 I0.4 和 I0.5 相同时，输出位 Q4.3 为 1；否则 Q4.3 为 0。

3.3.4　逻辑块的操作

逻辑"与"、"或"指令可以任意组合，CPU 的扫描顺序是先"与"后"或"，遇到括号时则先扫描括号内的指令，再扫描括号外的指令。对于 STL，先"与"后"或"操作可不使用括号，先"或"后"与"操作必须使用括号来改变自然扫描顺序，逻辑块的操作的格式及示例如表 3-7 所示。

表 3-7　逻辑块的操作的格式及示例

实现方式	LAD	FBD	STL
先"与"后"或"操作示例			A　I1.0 A　I1.1 A　M3.1 O A　I1.3 AN　M3.0 ON　M3.2 =　Q4.4

实现方式	LAD	FBD	STL
先"或"后"与"操作示例	I1.4 I1.5 M3.4 Q4.5 M3.3 I1.6	I1.4／M3.3 (>=1) & ；I1.5／I1.6 (>=1)；M3.4-o；Q4.5 =	A(O　I1.4 O　M3.3) A(O　I1.5 O　I1.6) AN　M3.4 =　Q4.5

3.3.5 信号流取反指令

信号流取反指令的作用就是对逻辑串的 RLO（逻辑操作结果，RLO 位的状态能表示有关信号流的信息，RLO 状态为 1，表示有信号流通，为 0 表示无信号流通。）值取反，信号流取反指令的格式及示例如表 3-8 所示。示例中，当 I0.0 和 I0.1 同时为 1 时，Q4.0 为 0；否则 Q4.0 为 1。

表 3-8　信号流取反指令的格式及示例

指令形式	LAD	FBD	STL
格式	─┤NOT├─	─o│=│	NOT
示例	I0.0 I0.1 Q4.0 ─┤├─┤├─┤NOT├─（ ）─	I0.0 & Q4.0 I0.1 o │=│	A　I0.0 A　I0.1 NOT =　Q4.0

3.4 边沿检测指令

STEP7 中有两类、共 4 种边沿检测指令，一类是对 RLO 的上升沿及下降沿检测的指令，另一类是对触点的上升沿及下降沿直接检测的梯形图方块指令。逻辑操作结果 RLO 的边沿检测指令是指当前的 RLO 值与前一次扫描周期的 RLO 值做比较，判断是否有上升沿或者下降沿，如果有，则产生一个扫描周期的 1 信号。

3.4.1 RLO 的上升沿检测指令

RLO 的上升沿检测指令的格式及示例如表 3-9 所示。RLO 边沿检测指令指定一个"位存储器"，用来记录前一周期 RLO 的信号状态，以便进行比较。在 OB1 的每一个扫描周期，RLO 位的信号状态都将与前一周期获得的结果进行比较，看信号状态是否有变化。

表 3-9　RLO 的上升沿检测指令的格式及示例

指令形式	LAD	FBD	STL
格式	"位存储器" ──（P）──	"位存储器" │ P │	FP　位存储器

指令形式	LAD	FBD	STL
示例1	I1.0 M1.0 —(P)— Q4.0 —( )—	M1.0 [P] Q4.0 [=] I1.0	A I1.0 FP M1.0 = Q4.0
示例2	I1.1 M1.1 —(P)— Q4.1 —( )— I1.2	>=1 I1.1 I1.2 M1.1 [P] Q4.1 [=]	A(O I1.1 ON I1.2) FP M1.1 = Q4.1

示例 1 中，当 I1.0 出现由 0 到 1 的变化时，Q4.0 变为 1 并维持一个扫描周期，之后 Q4.0 又变为 0。示例 2 中，当 I1.1 常开触点和 I1.2 常闭触点逻辑"或"的结果如果出现由 0 到 1 的变化时，则 Q4.1 变为 1 并维持一个扫描周期，之后 Q4.1 又变为 0。

3.4.2 RLO 的下降沿检测指令

RLO 的下降沿检测指令的用法与上升沿检测指令相同，RLO 的下降沿检测指令的格式及示例如表 3-10 所示。

表 3-10　RLO 的下降沿检测指令的格式及示例

指令形式	LAD	FBD	STL
格式	"位存储器" —(N)—	位存储器 [N]	FN 位存储器
示例1	I1.0 M1.2 —(N)— Q4.2 —( )—	M1.2 [N] Q4.2 [=] I1.0	A I1.0 FN M1.2 = Q4.2
示例2	I1.1 M1.3 —(N)— Q4.3 —( )— I1.2 I1.3	>=1 I1.1 I1.2 M1.3 [N] >=1 I1.3 Q4.3 [=]	A(O I1.1 ON I1.2) FN M1.3 O I1.3 = Q4.3

示例 1 中，当 I1.0 出现由 1 到 0 的变化时，Q4.2 变为 1 并维持一个扫描周期，之后 Q4.2 又变为 0。示例 2 中，在 I1.3 常开触点断开的情况下，如果 I1.1 常开触点和 I1.2 常闭触点逻辑"或"的结果出现由 1 到 0 的变化，则 Q4.3 变为 1 并维持一个扫描周期，之后 Q4.3 又变为 0。如果 I1.3 常开触点闭合，则 Q4.3 为 1，不受 I1.1 及 I1.2 状态的影响。

图 3-6 所示为 RLO 边沿检测指令工作时序图，说明了示例中边沿指令 FP 和 FN 指令的检测时序。对于 FP 指令，当 A 点的 RLO 状态由"0"变为"1"时，当前的 RLO 值与 M1.0 的记录值进行比较，表明有上升沿信号产生，M8.0 输出一个扫描周期的"1"信号，同时当前的 RLO 值存入 M1.0，为下一个扫描周期的比较做准备。对于 FN 指令，当 B 点的 RLO 状态由"1"变为"0"时，当前的 RLO 值与 M1.1 的记录值进行比较，表明有下降沿信号产生，M8.1 输出一个扫描周期的"1"信号，同时当前的 RLO 值存入 M1.1，为下一个扫描周期的比较做准备。

图 3-6　RLO 边沿检测指令工作时序图

a) 梯形图　b) 工作时序

3.4.3　触点信号的上升沿检测指令

触点信号上升沿检测指令的格式及示例如表 3-11 所示。指令中的"位地址 1"为被扫描的触点信号；"位地址 2"为边沿存储位，用来存储触点信号，即"位地址 1"前一周期的状态；Q 为输出，当"启动条件"为真且"位地址 1"出现上升沿信号时，Q 端可输出一个扫描周期的 1 信号。为了区别 RLO 边沿检测指令与触点边沿检测指令，在 STL 语句中，FP 或 FN 后面加一条 BLD100 语句。

表 3-11　触点信号上升沿检测指令的格式及示例

指令形式	LAD	FBD	STL 等效程序
格式	"启动条件" "位地址1" POS Q "位地址2"─M_BIT	"位地址1" POS "位地址2"─M_BIT Q	A　地址 1 BLD 100 FP　地址 2 =　输出
示例 1	I1.0 POS Q4.0 Q M0.0─M_BIT ( )	I1.0 POS Q4.0 M0.0─M_BIT Q =	A　I1.0 BLD 100 FP　M0.0 =　Q4.0
示例 2	I0.0 I1.1 I0.1 Q4.1 POS Q M0.1─M_BIT ( )	I1.1 POS I0.0 & M0.1─M_BIT Q I0.1 Q4.1 =	A　I0.0 A(A　I1.1 BLD 100 FP　M0.1) A　I0.1 =　Q4.1

示例 1 中，当 I1.0 出现上升沿时，则 Q4.0 变为 1，并保持一个周期，之后又变为 0。示

例 2 中，当 I1.1 出现上升沿，且 I0.0 的常开触点及 I0.1 的常开触点同时闭合时，则 Q4.1 变为 1，并保持一个周期，之后又变为 0。否则，Q4.1 为 0。

3.4.4 触点信号的下降沿检测指令

触点信号下降沿检测指令的用法与上升沿检测指令相同，触点信号的下降沿检测指令的格式及示例如表 3-12 所示。指令中当"启动条件"为真且"位地址 1"出现下降沿信号时，Q 端可输出一个扫描周期的 1 信号。

表 3-12　触点信号下降沿检测指令的格式及示例

指令形式	LAD	FBD	STL 等效程序
格式			A　地址 1 BLD 100 FN　地址 2 =　输出
示例			A(A　I0.0 AN　I0.1 O　M0.4) A(A　I1.1 BLD 100 FN　M0.3) A　I.0.2 =　Q4.3

示例中，当 I1.1 出现下降沿，且 I0.0 的常开触点、I0.1 的常闭触点及 I0.2 的常开触点同时闭合，或 M0.4 的常开触点及 I0.2 的常开触点同时闭合时，则 Q4.3 变为 1，并保持一个周期，之后又变为 0。否则，Q4.3 为 0。

图 3-7 中的信号状态图说明了示例中 POS 指令和 NEG 指令的检测时序。

图 3-7　触点信号边沿检测指令

a) 梯形图　b) 工作时序

60

3.5 技能训练 电动机的基本控制

在工业控制中，生产机械往往要求运动部件能够实现正反两个方向的运动，这就要求拖动电动机能进行正、反向旋转。本技能训练要解决的问题就是：如何用传统的继电器-接触器及 PLC 两种方法分别实现三相交流异步电动机的可逆旋转控制。

3.5.1 控制要求

通过 3 个按钮控制电动机的正转、反转及停止，具体要求如下。

1）当电动机处于停止状态时，按下正转按钮 SB1，电动机开始正转运行。此时若按下反转按钮 SB2，则电动机仍保持正转运行状态。

2）当电动机处于停止状态时，按下反转按钮 SB2，电动机开始反转运行。此时若按下正转按钮 SB1，则电动机仍保持反转运行状态。

3）无论电动机处于正转状态还是反转状态，只要按下停止按钮 SB3，则电动机必须切换到停止状态。

电动机可逆旋转控制原理如图 3-8 所示。

a)　　　　　　　　　　b)

图 3-8　电动机可逆旋转控制原理图

a) 主电路　b) 控制电路

3.5.2 PLC 控制系统的硬件设计

1. 元件清单

主回路需要刀开关 1 个、交流接触器 2 个、熔断器 3 个、热继电器 1 个，主回路原理图如图 3-8a 所示；控制回路需要中间继电器 2 个、熔断器 2 个、常开按钮 2 个、常闭按钮 1 个、PLC 装置 1 套，具体配置：PS307（5A）电源模块 1 个、CPU 314 模块 1 个、SM321 DI32×DC 24V 数字量信号输入模块 1 个、SM322 DO16×Rel AC 120V/230V 数字量信号输出模块 1 个（继电器输出）。

2. 控制回路

由图 3-8 可知，用 PLC 实现电动机正反转控制，主电路仍然需要保留，接线时注意正反转接触器需要调相。通过中间继电器（线圈电压为直流 24V、触点电压为交流 380V）驱动接触器，然后由接触器再驱动大电流负载，这样还可以实现 PLC 系统与电气操作回路的电气隔离。控制回路包括 PLC 端子接线图（如图 3-9 所示）和接触器控制原理图（如图 3-10 所示），其中 KA1 和 KA2 分别为正转和反转控制用中间继电器，KM1 和 KM2 分别为正转和反转接触器，SB1 和 SB2 分别为正转和反转起动按钮，SB3 为停止按钮，FR 是主回路中热继电器的常闭触点。

图 3-9　PLC 端子接线图

图 3-10　接触器控制原理图

该 PLC 硬件系统使用的数字量输入模块有 32 个输入点，每 8 点（1B）为一组，拥有一个公共端，分别用 1M、2M、3M、4M 表示，外部控制按钮（SB1、SB2、SB3）通过 DC 24V 送入相应的输入点（I0.0、I0.1、I0.2）。使用的数字量输出模块有 16 个输出点，每 8 点（1B）为一组，拥有一个公共电源输入端，分别用 1L、2L 表示，外部负载（KA1、KA2）均通过电源（如 DC 24V）接在公共电源输入端（如 1L）与输出端（Q0.0、Q0.1）之间。

控制原理：在停机状态下，如果需要电动机正转，则按下正转起动按钮 SB1，输入点 I0.0 接通，通过 PLC 内部用户程序使输出点 Q0.0 接通、Q0.1 断开，KA1 线圈得电，其常开触点闭合，从而使 KM1 线圈得电，串接于主回路的 KM1 主触点闭合，实现电动机的正转。在 PLC 内部通过程序运算，实现输出点 Q0.0 的自锁。当需要停机时，则按下停止按钮 SB3，输入点 I0.2 断开，通过 PLC 内部用户程序解除对 Q0.0 的自锁，Q0.0 断开，电动机停机。对电动机的反转操作也是这样。

3. 硬件组态

要用 S7-300/400 系列 PLC 实现对电动机的可逆旋转控制，除了要连接好前面所介绍的主回路、PLC 外围控制回路及中间继电器-接触器控制回路以外，还必须在 STEP7 环境下进行 PLC 的硬件组态（设置与实际硬件配置完全相同的硬件信息）、编写 PLC 的控制程序，并将硬件组态信息及控制程序下载到 PLC。

创建 PLC 项目和硬件组态的过程与第 2 章技能训练中的操作步骤相同，此处不再赘述。

3.5.3　PLC 控制系统的软件设计

1. 控制程序

根据控制要求，在停机状态下按下正转起动按钮 SB1，则电动机正转起动并保持正转状态；在停机状态下按下反转起动按钮 SB2，则电动机反转起动并保持反转状态；在任何状态下按停止按钮 SB3，则电动机立即停机。由此可列出电动机的控制逻辑简化真值表，如表 3-13 所示。其中，1 表示 PLC "软元件" 的状态为 1，即触点闭合或线圈得电；0 表示 PLC "软元件" 的状态为 0，即触点断开或线圈失电；"T" 表示输出元件操作前的状态（现态）；"T+1" 表示输出元件操作完成后的状态（次态）。

表 3-13　电动机控制逻辑简化真值表

操作按钮		操作前的状态		操作后的状态		说　　明
I0.0	I0.2	$Q0.0^T$	$Q0.1^T$	$Q0.0^{T+1}$	$Q0.1^{T+1}$	正转控制
1	1	0	0	1	0	停机状态下按正转起动按钮→正转
0	1	1	0	1	0	正转状态下松开正转起动按钮→正转保持
1	1	1	0	1	0	正转状态下再按正转按钮→正转保持
I0.1	I0.2	$Q0.0^T$	$Q0.1^T$	$Q0.0^{T+1}$	$Q0.1^{T+1}$	反转控制
1	1	0	0	0	1	停机状态下按反转起动按钮→反转
0	1	0	1	0	1	反转状态下松开反转起动按钮→反转保持
1	1	0	1	0	1	反转状态下再按反转按钮→反转保持

根据控制逻辑简化真值表，利用数字电路的基本知识，将使 $Q0.0^{T+1}$ 及 $Q0.1^{T+1}$ 为 1 的最小项分别相加，可写出 $Q0.0^{T+1}$ 及 $Q0.1^{T+1}$ 的逻辑表达式：

$$Q0.0^{T+1} = I0.0 \cdot I0.2 \cdot \overline{Q0.0^T} \cdot \overline{Q0.1^T} + \overline{I0.0} \cdot I0.2 \cdot Q0.0^T \cdot \overline{Q0.1^T} + I0.0 \cdot I0.2 \cdot Q0.0^T \cdot \overline{Q0.1^T}$$

$$Q0.1^{T+1} = I0.1 \cdot I0.2 \cdot \overline{Q0.0^T} \cdot \overline{Q0.1^T} + \overline{I0.1} \cdot I0.2 \cdot \overline{Q0.0^T} \cdot Q0.1^T + I0.1 \cdot I0.2 \cdot \overline{Q0.0^T} \cdot Q0.1^T$$

化简后的逻辑表达式如下：

$$Q0.0^{T+1} = I0.2 \cdot \overline{Q0.1^T}(I0.0 + Q0.0^T)$$

$$Q0.1^{T+1} = I0.2 \cdot \overline{Q0.0^T}(I0.1 + Q0.1^T)$$

由此可绘制出 Q0.0 及 Q0.1 的控制逻辑图，如图 3-11 所示。

根据 FBD 语言可画出电动机正、反转控制功能块图（FBD）语言程序，如图 3-12 所示。

图 3-11　正、反转控制逻辑图

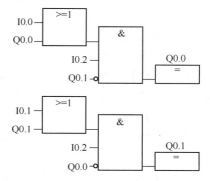

图 3-12　电动机正、反转控制功能块图

当然，在 STEP 7 的梯形图语言（LAD）环境下，也可以用若干个触点（或逻辑块）的串联来表示逻辑"与"的关系（逻辑与指令），用若干个触点（或逻辑块）的并联来表示逻辑"或"的关系（逻辑或指令），用圆括号"( )"表示逻辑输出（赋值指令）。一个完整的逻辑关系必须从左边的母线开始向右绘制，逻辑赋值指令必须与最右边的母线相连，能流只能从左母线开始、经状态为 1 的触点和赋值指令到右母线形成能流回路。按照这种方法可画出电动机正、反转控制梯形图，如图 3-13 所示。其中的常开触点和常闭触点的符号及意义与继电器-接触器控制系统中常开触点和常闭触点的符号及意义相同。

图 3-13 电动机正、反转控制梯形图

2．编辑符号表

在项目管理器的 S7 Program（1）文件夹内，用鼠标双击 Symbols 图标，打开符号表编辑器，并自动打开符号表。编辑本项目的符号表，如图 3-14 所示。

图 3-14 编辑符号表

3．编制程序

（1）创建并编制功能 FC1（子程序）

在 Blocks 文件夹中添加一个功能 FC，在其属性对话框的"Name"（名称）栏内输入"FC1"，在"Symbolic Name"（符号名）栏内输入"可逆旋转"，在"Symbol Comment"（符号注释）栏内输入"可逆旋转控制程序"，在"Created in Language"（编程语言）栏内选择 FBD（功能块图语言），然后单击"OK"按钮确认，创建 FC1 如图 3-15 所示。

图 3-15　创建 FC1

在 Blocks 文件夹内用鼠标双击 🗐FC1编制程序，具体过程如下。

1）单击 FC1 的程序块标题（Title），输入"电动机可逆旋转控制程序"；单击 FC1 的程序块说明（Comment），输入"SB1（I0.0）为正转起动按钮，常开；SB2（I0.1）为反转起动按钮，常开；SB3（I0.2）为停止按钮，常闭；KA1（Q0.0）为正转控制用中间继电器；KA2（Q0.1）为反转控制用中间继电器"说明信息。

2）单击第一个程序段（Network 1）的标题部分，输入"电动机正转控制程序段"；单击第一个程序段的说明部分，输入"在停机状态下按正转起动按钮 SB1，则电动机正转并保持；电动机正转状态下，按停止按钮 SB3，则电动机停机并保持。"说明信息，程序编制窗口如图 3-16 所示。

程序元素窗口

图 3-16　程序编制窗口

3）单击工具栏上的添加程序段图标 ，添加一个程序段（Network 2），然后单击其标题部分，输入"电动机反转控制程序段"；单击程序段的说明部分，输入"在停机状态下按反转起动按钮 SB2，则电动机反转并保持；电动机反转状态下，按停止按钮 SB3，则电动机停机并保持。"说明信息。

4）单击 Network 1 的程序编制区域，参照图 3-12 及图 3-16 完成电动机正转控制程序的编制。

5）单击 Network 2 的程序编制区域，编制电动机反转控制程序。电动机可逆旋转（FBD语言）控制程序如图 3-17 所示。

FC1：电动机可逆旋转控制程序

SB1（I0.0）为正转起动按钮，常开；
SB2（I0.1）为反转起动按钮，常开；
SB3（I0.2）为停止按钮，常闭；
KA1（Q0.0）为正转控制用中间继电器；
KA2（Q0.1）为反转控制用中间继电器。

Network 1：电动机正转控制程序段

在停机状态下按正转起动按钮SB1，则电动机正转并保持，电动机正转状态下，按停止按钮SB3，则电动机停机并保持。

Network 2：电动机反转控制程序段

在停机状态下按反转起动按钮SB2，则电动机反转并保持，电动机反转状态下，按停止按钮SB3，则电动机停机并保持。

图 3-17　电动机可逆旋转（FBD 语言）控制程序

（2）查看 FC1 的梯形图（LAD）程序及语句表（STL）程序

先保存程序，然后执行菜单命令"View"→"LAD"切换到 LAD 显示及编辑方式，LAD 语言控制程序如图 3-18 所示；执行菜单命令"View"→"STL"切换到 STL 显示及编辑方式，STL 语言控制程序如图 3-19 所示。

FC1：电动机可逆旋转控制程序
Network 1：电动机正转控制程序段

FC1：电动机可逆旋转控制程序
Network 1：电动机正转控制程序段

```
A(
O    I    0.0
O    Q    0.0
)
A    I    0.2
AN   Q    0.1
=    Q    0.0
```

Network 2：电动机反转控制程序段

```
A(
O    I    0.1
O    Q    0.1
)
A    I    0.2
AN   Q    0.0
=    Q    0.1
```

图 3-18　LAD 语言控制程序　　　　图 3-19　STL 语言控制程序

66

（3）编辑组织块 OB1

子程序 FC1 编辑完成以后，还必须在 OB1 中进行调用才能被 CPU 执行，OB1 的编辑过程如下。

1）在项目管理器的 Blocks 文件夹内用鼠标双击 OB1 图标打开 OB1 编辑窗口，然后执行菜单命令"View"→"LAD"切换到梯形图语言环境，在 OB1 的第一个程序段（Network 1）的标题区输入："调用电动机可逆旋转子程序，即调用功能 FC1"。

2）单击 Network 1 的程序编辑区域，在程序元素窗口内单击 FC blocks （功能子程序块）图标，展开目录并用鼠标双击 FC1 可逆旋转 图标。也可将 FC1 直接拖到 Network 1 的编辑区域，即可将 FC1 加入到 OB1，完成 FC1 的调用，如图 3-20 所示。

图 3-20　编辑 OB1 并调用 FC1

3.5.4　方案调试

在完成电动机可逆旋转控制系统的主回路及 PLC 控制回路接线以后，还必须将 PLC 系统硬件信息及控制程序下载到 PLC 中，才能对系统进行调试。

将 PLC 的硬件信息下载完毕后，在 SIMATIC Manager 的左视窗内单击程序块图标 Blocks，在右视窗中选择要下载的程序块（本例为 OB1 和 FC1），然后单击下载工具图标 进行下载。

打开 PLCSIM 仿真工具，在仿真窗口内将 CPU 模式开关切换到 RUN 模式进行程序调试。通过设置 SB1、SB2、SB3 的状态，可观察 KA1 和 KA2 的状态。KA1 和 KA2 的状态不要人为设置。当位变量被勾选时，该变量为 1，否则为 0。

在仿真调试的同时，还可以打开 FC1 程序块，在线监视程序的运行状况。在 SIMATIC Manager 的左视窗内单击程序块图标 Blocks，然后在右视窗内用鼠标双击打开 FC1。单击监视图标 ，通过操作 PLCSIM 窗口内变量的状态，可观察程序中元件状态的变化，在线监视程序如图 3-21 所示。其中绿色（实线）表示元件状态为 1，或已形成能流回路；蓝色（虚线）表示元件状态为 0，或未形成能流回路。

图 3-21　在线监视程序

3.6　习题

1. Q2.2 用于输出第几字节的第几位？

2. MD100 中对应的最低 8 位字节是多少？

3. S7-300 PLC 有哪几种寻址方式？

4. M0.0、MB0、MW0、MD0 有什么区别？

5. S7-300 PLC 有哪些内部元件？各元件地址分配和操作数范围怎么确定？

6. S7-300 PLC 的基本数据类型有哪些？

7. 对触点的边沿检测指令与 RLO 的边沿检测指令有什么区别？

8. 一个常开按钮在按下和松开的过程中，发生了两个跳变沿，什么是"上升沿"？在 S7-300 PLC 中如何检测"上升沿"？

9. 将图 3-22 所示的功能块图转换为 LAD 和 STL 形式。

图 3-22　功能块图

第4章 定时器的应用

4.1 定时器

4.1.1 定时器指令

定时器相当于继电器控制电路中的时间继电器，在 S7-300 系列 PLC 的 CPU 存储器中为定时器保留有存储区，该存储区为每个定时器保留一个 16 位定时字和一个二进制位存储空间。STEP 7 梯形图指令集最多支持 256 个定时器。不同的 CPU 模板所支持的定时器数目在 64～512 之间不等。因此，在使用定时器时定时器的地址编号（T0～T511）必须在有效范围之内。S7-300 系列 PLC 有 5 种定时器可供选择，如图 4-1 所示。

S_PULS：脉冲定时器

S_PEXT：扩展脉冲定时器

S_ODT：接通延时定时器

S_ODTS：保持型接通延时定时器

S_OFFDT：断电延时定时器

1. S_PULSE

S_PULSE 是脉冲 S5 定时器，简称为脉冲定时器，它的指令有 3

图 4-1　5 种定时器

种形式：块图指令、LAD 环境下的定时器线圈指令及 STL 指令。脉冲定时器块图指令的格式及示例、脉冲定时器线圈指令的格式及示例分别如表 4-1 和表 4-2 所示。

表 4-1　脉冲定时器块图指令的格式及示例

指令形式	LAD	FBD	STL
格式			A　启动信号 L　定时时间 SP　Tno A　复位信号 R　Tno L　Tno T　时间字单元 1 LC　Tno T　时间字单元 2 A　Tno =　输出地址
示例			A　I0.1 L　S5T#8S SP　T1 A　I0.2 AN　I0.3 R　T1

指令形式	LAD	FBD	STL
示例			L T1 T MW0 LC T1 T MW2 A T1 = Q4.0

表 4-2　脉冲定时器线圈指令的格式及示例

指令符号	示例（LAD）	示例（STL）
Tno —(SP)— 定时时间	**Network 1**：定时器线圈指令 I0.1　　　　　　　　T2 ——| |——————(SP)— 　　　　　　　　　　S5T#10S **Network 2**：定时器复位 I0.2　　　　　　　　T2 ——| |——————(R)— **Network 3**：定时器触点应用 T2　　　　　　　　Q4.1 ——| |——————( )—	A I0.1 L S5T#10S SP T2 A I0.2 R T2 A T2 = Q4.1

表中各符号的含义如下。

- Tno 为定时器的编号，其范围与 CPU 的型号有关。
- S 为启动信号，当 S 端出现上升沿时，启动指定的定时器。
- R 为复位信号，当 R 端出现上升沿时，定时器复位，当前值清 0。
- TV 为设定时间值输入，最大设定时间为 9990s，或 2H_46M_30S，输入格式按 S5 系统时间格式，如 S5T#100S、S5T#10MS、S5T#2M1S、S5T#1H2M3S 等。
- Q 为定时器输出。定时器启动后，剩余时间非 0 时，Q 输出为 1；定时器停止或剩余时间为 0 时，Q 输出为 0。该端可以连接位变量，如 Q4.0 等，也可以悬空。
- BI 以整数格式显示或输出剩余时间，采用十六进制形式，如 16#0023、16#00ab 等。该端口可以接各种字存储器，如 MW0、QW2 等，也可以悬空。
- BCD 以 BCD 码格式显示或输出剩余时间，采用 S5 系统时间格式，如 S5T#1H2M1S、S5T#2M1S、S5T#3S 等。该端口可以接各种字存储器，如 MW0、QW2 等，也可以悬空。
- STL 中的 "SP……" 为脉冲定时器指令，用来设置脉冲定时器编号；"L……" 为累加器 1 装载指令，可将定时器的定时值作为整数装入累加器 1；"LC……" 为 BCD 码装载指令，可将定时器的定时值作为 BCD 码装入累加器；"T……" 为传送指令，可将累加器 1 的内容传送给指定的字节、字或双字单元。

与脉冲定时器示例程序对应的梯形图及工作时序如图 4-2 所示。

从图 4-2 可以看到：如果 R 信号的 RLO 为 0，且 S 信号的 RLO 出现上升沿，则定时器启动，并从设定的时间值开始倒计时。此后只要 S 信号的 RLO 保持 1，定时器就继续运行。在定时器运行期间，只要剩余时间不为 0，其常开触点闭合，同时输出为 1，直到定时时间到达为止。

图 4-2 脉冲定时器示例程序对应的梯形图及工作时序

a) 梯形图 b) 工作时序

在定时器运行期间，若 S 信号的 RLO 出现下降沿，则定时器停止并复位。同时，定时器常开触点断开，输出 Q 为 0。当 RLO 再次出现上升沿时，定时器则重新从设定时间开始倒计时。

无论何时，只要 R 信号的 RLO 出现上升沿，定时器就立即停止工作，而且其常开触点断开，Q 输出为 0，同时剩余时间清零。此时的动作称为定时器复位。

2. S_PEXT

S_PEXT 是扩展脉冲 S5 定时器，简称扩展脉冲定时器，它的指令有 3 种形式：块图指令、LAD 环境下的定时器线圈指令及 STL 指令。扩展脉冲定时器块图指令的格式及示例和扩展脉冲定时器线圈指令的格式及示例分别如表 4-3 和表 4-4 所示，表内各符号的含义与 S_PULSE 各符号的含义相同。

表 4-3　扩展脉冲定时器块图指令的格式及示例

指令形式	LAD	FBD	STL
格式	Tno S_PEXT S　　Q→输出位地址 定时时间—TV　BI→时间字单元 1 复位信号—R　BCD→时间字单元 2 启动信号—	Tno S_PEXT S　　BI→时间字单元 1 定时时间—TV　BCD→时间字单元 2 复位信号—R　　Q→输出位地址 启动信号—	A　启动信号 L　定时时间 SE　Tno A　复位信号 R　Tno L　Tno T　时间字单元 1 LC　Tno T　时间字单元 2 A　Tno =　输出位地址

表 4-4　扩展脉冲定时器线圈指令的格式及示例

与扩展脉冲定时器示例程序对应的梯形图及工作时序如图 4-3 所示。

从图 4-3 可以看到：如果 R 信号的 RLO 为 0，且 S 信号的 RLO 出现上升沿，则定时器启动，并从设定的时间值（图中为 8s）开始倒计时，期间无论 S 信号是否出现下降沿仍继续计时。如果在定时结束之前，S 信号的 RLO 又出现一次上升沿，则定时器重新启动。定时器一旦运行，其常开触点就闭合，同时 Q 输出为 1，直到定时时间到达为止。

无论何时，只要 R 信号的 RLO 出现上升沿，定时器就立即复位，并使定时器的常开触点断开，Q 输出为 0，同时剩余时间清零。

3. S_ODT

S_ODT 是接通延时 S5 定时器，简称接通延时定时器，它的指令有 3 种形式：块图指令和 LAD 环境下的定时器线圈指令及 STL 指令。接通延时定时器块图指令的格式及示例和接

通延时定时器线圈指令的格式及示例分别如表 4-5 和表 4-6 所示，表内各符号的含义与
S_PULSE 各符号的含义相同。

a)   b)

图 4-3   扩展脉冲定时器示例程序对应的梯形图及工作时序

a) 梯形图   b) 工作时序

表 4-5   接通延时定时器块图指令的格式及示例

指令形式	LAD	FBD	STL
格式	Tno S_ODT 启动信号 — S Q — 输出位地址 定时时间 — TV BI — 时间字单元 1 复位信号 — R BCD — 时间字单元 2	Tno S_ODT 启动信号 — S BI — 时间字单元 1 定时时间 — TV BCD — 时间字单元 2 复位信号 — R Q — 输出位地址	A 启动信号 L 定时时间 SD Tno A 复位信号 R Tno L Tno T 时间字单元 1 LC Tno T 时间字单元 2 A Tno = 输出位地址
示例	T5 I0.0 S_ODT Q4.5 ⊣ ⊢ — S Q — ( ) S5T#8S — TV BI — MW0 I0.1 ⊣ ⊢ — R BCD — MW2 M10.0 ⊣/⊢	T5 S_ODT I0.0 — S BI — MW0 I0.1 ⊐ ≥1 M10.0 ⊸ S5T#8S — TV BCD — MW2 Q4.5 R Q — =	A I0.0 L S5T#8S SD T5 A(O I0.1 ON M10.0) R T5 L T5 T MW0 LC T5 T MW2 A T5 = Q4.5

表 4-6　接通延时定时器线圈指令的格式及示例

指令符号	示例（LAD）	示例（STL）
Tno —(SD)— 定时时间	**Network 1：接通延时定时器线圈指令** 　I0.0　　　　　　　　　　　　　T8 —| |——————————————(SD)—| 　　　　　　　　　　　　　　S5T#10S **Network 2：定时器复位** 　I0.1　　　　　　　　　　　　　T8 —| |——————————————(R)—| **Network 3：定时器触点** 　T8　　　　　　　　　　　　　Q4.7 —| |——————————————( )—|	**Network 1：接通延时定时器线圈指令** 　　A　　I　　　0.0 　　L　　S5T#10S 　　SD　　T　　　8 **Network 2：定时器复位** 　　A　　I　　　0.1 　　R　　T　　　8 **Network 3：定时器触点** 　　A　　T　　　8 　　=　　Q　　　4.7

与接通延时定时器示例程序对应的梯形图及工作时序如图 4-4 所示。

图 4-4　接通延时定时器示例程序对应的梯形图及工作时序

a) 梯形图　b) 工作时序

从图 4-4 可以看到：如果 R 信号的 RLO 为 0，且 S 信号的 RLO 出现上升沿，则定时器启动，并从设定的时间值（图中为 8s）开始倒计时。如果在定时结束之前，S 信号的 RLO出现下降沿，定时器就停止运行并复位，Q 输出状态为 0。当定时时间到达以后，且 S 信号的 RLO 仍为 1 时，定时器常开触点闭合，同时 Q 输出为 1，直到 S 信号的 RLO 变为 0 或定时器被复位。

无论何时，只要 R 信号的 RLO 出现上升沿，定时器就立即复位，并使定时器的常开触点断开，Q 输出为 0，同时剩余时间清零。

4. S_ODTS

S_ODTS 是保持型接通延时 S5 定时器，简称为保持型接通延时定时器，它的指令有 3种形式：块图指令、LAD 环境下的定时器线圈指令及 STL 指令。保持型接通延时定时器块图指令的格式及示例和保持型接通延时定时器线圈指令的格式及示例分别如表 4-7 和表 4-8

所示。表内各符号的含义与 S_PULSE 各符号的含义相同。

表4-7　保持型接通延时定时器块图指令的格式及示例

指令形式	LAD	FBD	STL
格式	Tno S_ODTS 启动信号—S　　Q—输出位地址 定时时间—TV　BI—时间字单元1 复位信号—R　BCD—时间字单元2	Tno S_ODTS 启动信号—S　　BI—时间字单元1 定时时间—TV　BCD—时间字单元2 复位信号—R　　Q—输出位地址	A　启动信号 L　定时时间 SS　Tno A　复位信号 R　Tno L　Tno T　时间字单元1 LC　Tno T　时间字单元2 A　Tno =　输出位地址
示例	T9 I0.0　S_ODTS　Q5.0 S　　Q—( ) S5T#8S—TV　BI—MW0 I0.1 R　BCD—MW2 M10.0	T9 S_ODTS I0.0—S　BI—MW0 I0.1 >=1 S5T#8S—TV　BCD—MW2　Q5.0 M10.0　R　Q— =	A　I0.0 L　S5T#8S SS　T9 A(O　I0.1 O　M10.0) R　T9 L　T9 T　MW0 LC　T9 T　MW2 A　T9 =　Q5.0

表4-8　保持型接通延时定时器线圈指令的格式及示例

指令符号	示例（LAD）	示例（STL）
Tno —(SS)— 定时时间	Network 1：保持型接通延时定时器线圈指令 　　I0.0　　　　　　　　　　T11 　　├─┤├────────(SS)─┤ 　　　　　　　　　　　　　S5T#10S Network 2：定时器复位 　　I0.1　　　　　　　　　　T11 　　├─┤├─────────(R)─┤ Network 3：定时器触点 　　T11　　　　　　　　　　Q5.2 　　├─┤├──────────( )─┤	A　I0.0 L　S5T#10S SS　T11 A　I0.1 R　T11 A　T11 =　Q5.2

与保持型接通延时定时器示例程序对应的梯形图及工作时序如图 4-5 所示。

从图 4-5 可以看到：如果定时器已经复位，且 R 信号的 RLO 位为 0，S 信号的 RLO 出现上升沿，则定时器启动，并从设定的时间值（图中为 8s）开始倒计时。一旦定时器启动，即使 S 信号的 RLO 出现下降沿，定时器仍然继续运行。如果在定时结束之前，S 信号的 RLO 出现上升沿，则定时器以设定的时间值重新启动。只要定时时间到达，不管 S 信号的

RLO 出现什么状态，定时器都会保持停止计时状态，并使定时器常开触点闭合，Q 输出为 1，直到定时器被复位。

图 4-5 保持型接通延时定时器示例程序对应的梯形图及工作时序

a) 梯形图 b) 工作时序

无论何时，只要 R 信号的 RLO 出现上升沿，定时器就立即复位，并使定时器的常开触点断开，Q 输出为 0，同时剩余时间清零。

5. S_OFFDT

S_OFFDT 是断电延时 S5 定时器，简称断电延时定时器，它的指令有 3 种形式：块图指令、LAD 环境下的定时器线圈指令及 STL 指令。断电延时定时器块图指令的格式及示例和断电延时定时器线圈指令的格式及示例分别如表 4-9 和表 4-10 所示。表内各符号的含义与脉冲定时器各符号的含义相同。

表 4-9 断电延时定时器块图指令的格式及示例

指令形式	LAD	FBD	STL
格式	Tno S_OFFDT 启动信号—S Q—输出位地址 定时时间—TV BI—时间字单元 1 复位信号—R BCD—时间字单元 2	Tno S_OFFDT 启动信号—S BI—时间字单元 1 定时时间—TV BCD—时间字单元 2 复位信号—R Q—输出位地址	A 启动信号 L 定时时间 SF Tno A 复位信号 R Tno L 时间字单元 1 T 时间字单元 1 LC Tno T 时间字单元 2 A Tno = 输出位地址
示例	T12 S_OFFDT I0.0—S Q—Q5.3 S5T#12S—TV BI—MW0 I0.1—R BCD—MW2 M10.0	T12 S_OFFDT I0.1 >=1 I0.0—S BI—MW0 M10.0 S5T#12S—TV BCD—MW2 Q5.3 R Q =	A I0.0 L S5T#12S SF T12 A(O I0.1 ON M10.0) R T12 L T12 T MW0 LC T12 T MW2 A T12 = Q5.3

表 4-10　断电延时定时器线圈指令的格式及示例

指令符号	示例（LAD）	示例（STL）
Tno —(SF)— 定时时间	**Network 1：断电延时定时器线圈指令** 　I0.0　　　　　　　　　　　T14 　┤├──────────────(SF)┤ 　　　　　　　　　　　　　S5T#10S **Network 2：定时器复位** 　I0.1　　　　　　　　　　　T14 　┤├──────────────(R)┤ **Network 3：定时器触点** 　T14　　　　　　　　　　　Q5.5 　┤├──────────────( )┤	A　　I0.0 L　　S5T#10S SF　T14 A　　I0.1 R　　T14 A　　T14 =　　Q5.5

与断电延时定时器示例程序对应的梯形图及工作时序如图 4-6 所示。

a)　　　　　　　　　　　　　　　　b)

图 4-6　断电延时定时器示例程序对应的梯形图及工作时序

a) 梯形图　b) 工作时序

从图 4-6 可以看到：如果 R 信号的 RLO 位为 0，且 S 信号的 RLO 出现下降沿，则定时器启动，并从设定时间值（图中为 12s）开始倒计时，定时时间到达后定时器的常开触点断开，Q 输出为 0。在定时器运行期间，如果 S 信号的 RLO 出现上升沿，则定时器立即复位。当 S 信号的 RLO 为 1 时，或定时器运行期间，定时器常开触点闭合，Q 输出为 1。

无论何时，只要 R 信号的 RLO 出现上升沿，定时器就立即复位，并使定时器的常开触点断开，Q 输出为 0，同时剩余时间清零。

4.1.2　CPU 的时钟存储器

S7-300 PLC 除了在 STEP 7 的 Program Elements 中提供前面介绍的 5 种定时器以外，还可以使用 CPU 系统时钟存储器（Clock Memory）实现精确的定时功能。要使用该功能需在硬件组态环境下用鼠标双击 CPU 模块打开 CPU 属性对话框，选择 Cycle/Clock Memory 属性选项卡，然后勾选 "Clock memory" 选项激活该功能，设置 Clock memory 如图 4-7 所示。

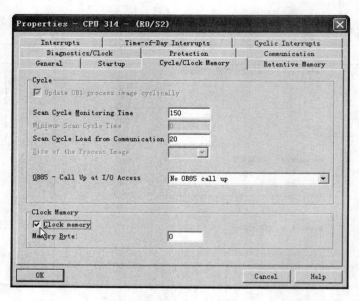

图 4-7　设置 Clock memory

在"Memory Byte"区域输入想为该项功能设置的地址，如需要使用 MB10，则直接输入 10。Clock Memory 的功能是对定义的各位周期性地改变二进制的值（占空比为 1∶1）。Clock Memory 各位的周期及频率如表 4-11 所示。

表 4-11　Clock Memory 各位的周期及频率

位　序	7	6	5	4	3	2	1	0
周期/s	2	1.6	1	0.8	0.5	0.4	0.2	0.1
频率/Hz	0.5	0.625	1	1.25	2	2.5	5	10

如果在硬件配置中选择了该项功能，就可以在编程时使用该存储器来获得不同频率（或周期）的方波信号。

4.2　技能训练　人行横道控制

在现代生活中，交通信号灯是人们每天都要面对的交通指挥信号。常见的交通信号灯是双干道十字路口交通信号灯，但是在单干道上，也需要考虑行人横穿车道的安全及畅通问题。在这种情况下，利用上述的十字路口交通灯控制系统显然不合适，那么必须考虑新的控制系统——人行横道交通信号灯控制系统。

4.2.1　控制要求

图 4-8 为人行横道交通信号灯控制系统，控制时序如图 4-9 所示，控制要求如下。
● 在无行人横穿车道的情况下，"车道绿灯"及"人行道红灯"常亮，车辆可以较快的速度行驶，此时行人不能横穿车道。

图 4-8　人行横道交通信号灯布置示意图

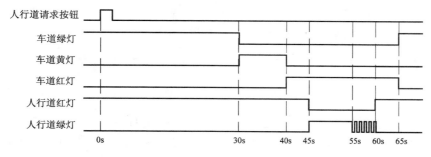

图 4-9　人行横道交通信号灯系统控制时序图

● 为保证交通安全，当有行人要横穿车道时，需先按动"人行道请求按钮"，此后"车道绿灯"于 30s 后熄灭、"车道黄灯"点亮，以提醒司机有行人请求横穿车道；5s 后"车道黄灯"熄灭、"车道红灯"点亮，车辆应停在斑马线之外；5s 后"人行道红灯"熄灭、"人行道绿灯"点亮，提醒行人可以安全横穿车道。

● "人行道绿灯"点亮 10s 后，"人行道绿灯"以 1Hz 的频率闪亮，以提醒已经进入车道的行人快速穿过车道，同时提醒还未跨入车道的行人不能横穿车道；5s 后"人行道绿灯"熄灭、"人行道红灯"点亮，再经过 5s 的过渡，"车道红灯"熄灭、"车道绿灯"点亮，车辆开始正常行驶。

4.2.2　任务实施

人行横道交通信号灯控制的关键就是时序关系的设计，可以用 PLC 的接通延时定时器来实现各时间点的定位，在两个时间点之间可实现相应信号灯的控制。

1. PLC 硬件配置及接线

根据图 4-8 信号灯及按钮的布置结构图可知，人行横道交通信号灯系统需要车道（东西方向）红、绿、黄各两只信号灯，人行道（南北方向）红、绿各两只信号灯，南北方向各需一只按钮。可采用 S7-300 系列 PLC 实现对人行横道交通信号灯系统进行控制，PLC 系统需配置以下模块，供读者参考。

● CPU 315 模块 1 只，订货号为 6ES7 315-1AF03-0AB0。

● PS 307（5A）电源模块 1 只，订货号为 6ES7 307-1EA00-0AA0。

● SM321 数字量输入模块 1 只，订货号为 6ES7 321-1BL80-0AA0。

● SM322 数字量输出模块 1 只，订货号为 6ES7 324-1FL00-0AA0。

PLC 的 I/O 端子分配及端子接线图如图 4-10 所示。

图 4-10 PLC 的 I/O 端子分配及端子接线图

其中：车道的两只红灯（L_R1、L_R2）、两只黄灯（L_Y1、L_Y2）、两只绿灯（L_G1、L_G2）及人行道的两只红灯（M_R1、M_R2）、两只绿灯（M_G1、M_G2）分别共用一个 PLC 输出点，并分别用 L_R、L_Y、L_G、M_R 和 M_G 表示；SB1 和 SB2 为两个人行道请求按钮，采用常开按钮。

2. 控制程序设计

（1）创建项目

打开 SIMATIC Manager，执行菜单命令"File"→"New"新建一个空项目文档，并命名为"人行横道控制"。

（2）插入 S7-300 PLC 工作站

在"人行横道控制"项目上单击鼠标右键，在弹出的快捷菜单中选择"Insert New Object"→"SIMATIC 300 Station"，在当前项目中插入一个 S7-300 PLC 的工作站，系统自动将工作站命名为"SIMATIC 300（1）"。

（3）硬件组态

首先在 SIMATIC Manager 窗口内单击"SIMATIC 300（1）"，在右视窗中用鼠标双击硬件组态（Hardware）图标，打开硬件组态窗口。展开"SIMATIC 300"模块目录，再展开"RACK-300"子目录，用鼠标双击"Rail"插入一个导轨。

选中导轨的 1 号槽位，展开"SIMATIC 300"模块目录，再展开"PS-300"子目录，用鼠标双击"PS 307 5A"图标插入一个电源模块。

选中导轨的 2 号槽位，展开"SIMATIC 300"模块目录，再展开"CPU 300"子目录，在"CPU 315"子目录下的"6ES7 315-1AF03-0AB0"子目录中用鼠标双击"V1.2"图标，插入一个 CPU 模块。

选中导轨的 4 号槽位，展开"SIMATIC 300"模块目录，再展开"SM-300"子目录，在

"DI-300"子目录中用鼠标双击"SM 321 DI32×DC24V"图标插入一个订货号为"6ES7 321-1BL80-0AA0"的数字量输入模块。

选中导轨的 5 号槽位,展开"SIMATIC 300"模块目录,再展开"SM-300"子目录,在"DO-300"子目录中用鼠标双击"SM 322 DO32×AC120-230V/1A"图标插入一个订货号为"6ES7 324-1FL00-0AA0"的数字量输出模块,然后用鼠标双击该模块,将模块首地址修改为0。硬件组态完成后的结果如图 4-11 所示。

图 4-11　硬件组态完成后的结果

(4) 编辑全局符号表

在 SIMATIC Manager 的左视窗内展开"SIMATIC 300(1)"目录及"CPU 315"子目录,单击"S7 Program(1)"程序文件夹图标,在右视窗中用鼠标双击"Symbols"图标打开符号编辑器,然后按图 4-12 编辑符号表。

图 4-12　编辑符号表

(5) 控制程序设计

可以用 S7-300 PLC 的接通延时定时器实现要求的时序关系,如图 4-13 所示。

考虑每按动一次"人行横道请求按钮"只能产生一个请求,所以可用上升沿检测指令对"人行横道请求按钮"信号进行检测,并设定一个周期控制信号(M0.0)。在一个控制周期内对应的时序有 6 个时间点，所以需要用 6 个定时器来实现。另外，为了实现"人行道绿灯"的闪亮控制，可以使用 CPU 定时时钟，将时钟存储器字节地址设为 100，这样就可以引用 M100.5 来实现"人行道绿灯"以 1Hz 的频率闪亮。

图 4-13　信号灯及定时时序关系

1）周期控制程序。根据图 4-13 可知，周期控制信号在 SB1/SB2 按下瞬间开始生效，当最后一个定时时间点到达（即 T6 定时到达）后变为无效，由此可编写出周期控制程序，如图 4-14 所示。周期控制程序在 FC1 中编制完成。

2）定时时序设计。定时时序由控制周期信号 M0.0 控制，由各定时器具体实现，控制程序在 FC2 中设计完成，定时时序的控制程序如图 4-15 所示。

3）车道信号灯控制程序。根据图 4-13 的时序关系可知，"车道绿灯"在两种情况下需要点亮：一是未进入定时周期，即 M0.0 为 0 期间；二是进入定时周期的前 30s，即 M0.0 为 1 且 T1 定时到达之前。"车道红灯"只有在进入定时周期后 T2 定时到达且 T6 定时未到达时点亮，"车道黄灯"只有在进入定时周期后 T1 定时到达且 T2 定时未到达时点亮。由此可设计出车道信号灯控制程序，如图 4-16 所示，该部分程序在 FC3 中设计完成。

图 4-14　周期控制程序段

4）人行道信号灯控制程序。根据图 4-13 的时序关系可知，"人行道绿灯"只有在进入定时周期后 T3 定时到达且 T4 定时未到达时常亮，在 T4 定时到达 T5 定时未到达时以

1Hz 的频率闪亮。"人行道红灯"在 3 种情况下需要点亮：一是未进入定时周期，即 M0.0 为 0 期间；二是进入定时周期的前 45s，即 M0.0 为 1 且 T3 定时到达之前；三是 T5 定时到达之后。由此可设计出人行道信号灯控制程序，如图 4-17 所示，该部分程序在 FC4 中设计完成。

图 4-15　定时时序的控制程序　　　　图 4-16　车道信号灯控制程序

5）主程序，即 OB1 的设计。人行横道控制系统程序采用模块式结构，组织块 OB1 为主程序，FC1～FC4 为功能子程序。要想实现程序的控制功能，必须在 OB1 中对 FC1～FC4 进行调用，本例采用无条件调用，主循环组织块（OB1）程序结构如图 4-18 所示。

4.2.3　方案调试

程序编制完成以后，首先按照第 2 章介绍的方法，将硬件组态数据编译并下载到目标 PLC 中，然后将"Blocks"目录下的程序块 FC1～FC4 及 OB1 下载到目标 PLC。为了进行方案调试，除了可采用第 2 章介绍的仿真调试及在线调试的方法以外，还可以利用变量表对方案进行仿真调试及在线调试，调试过程如下。

图 4-17　人行道信号灯控制程序　　　　图 4-18　主循环组织块（OB1）程序结构

1. 创建变量表

在 SIMATIC Manager 窗口的左视窗内选择"Blocks"程序块文件夹，然后在右视窗内单击鼠标右键并执行快捷命令"Insert New Object"→"Variable Table"插入一个变量表 VAT_1。用鼠标双击变量表 VAT_1 图标，打开变量表编辑器并输入需要测试的变量，编辑变量表如图 4-19 所示。

图 4-19　编辑变量表

2. 测试变量

在变量表窗口单击监控工具按钮 ，将 PLC 的运行模式开关切换到"RUN"状态，操作按钮 SB1 或 SB2，在变量窗口中可测试变量的状态，如图 4-20 所示。

图 4-20　通过变量表测试信号状态

3．总结分析

（1）时序控制

对于时间关系比较确定的控制任务（如人行横道信号灯的控制），在任务分析时可先绘制出控制时序图，每个时间点由一个定时器来确定，各阶段任务则通过相关定时器状态逻辑关系的组合来完成。

（2）项目创建

在创建 STEP 7 项目时，既可以采用"新建项目向导"来创建一个已包含 CPU 模块的新项目文档，也可以通过执行菜单命令"File"→"New"或单击"新建项目"工具图标 创建一个空项目文档。第 1 种方式简单易用比较适合于初学者，而对于能熟练使用 STEP 7 的用户建议采用第 2 种方式，这样可定制自己的 CPU 型号，设计比较灵活方便。

（3）变量表的使用

变量表是调试程序的常用工具，通过变量表在 PLC 的"RUN"模式下可监视过程输入/输出变量（如 I0.0、Q0.4、QB0、QW0、QD0）、内部存储器（如 M0.1、MB0、MW0、MD0）、计数器（如 C1、C2）、定时器（如 T1、T2）、数据块（DB1.DBX0.0、DB1.DBB0、DB1.DBW0、DB1.DBD0）等变量的状态，在"STOP"模式下可修改、强制变量。根据不同的测试方案单击变量触发工具按钮 ，在触发设置对话框内可设置监视、修改变量的触发时刻及触发条件，如图 4-21 所示。

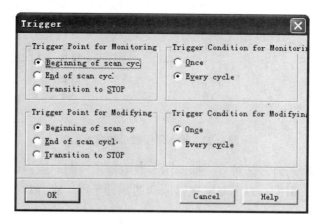

图 4-21　监视、修改变量的触发时刻及触发条件设置

触发时刻有 3 种：扫描周期开始（Beginning of scan cycle）、扫描周期结束（End of scan cycle）及切换到"STOP"模式时（Transition to STOP）。触发条件有两种：只触发一次（Once）和每个周期触发一次（Every cycle）。

要修改或强制变量，必须将 PLC 切换到"STOP"模式，然后在"Modify Value"一栏输入修改值，单击激活修改值按钮 🖼，接着单击刷新监视按钮 🖼，再将 PLC 切换到"RUN"模式，即可将修改值应用于测试。

4.3 定时器的扩展

4.3.1 常闭输入触点的处理

在设计之初，PLC 是继电器控制系统的理想替代物，在实际应用中常会遇到老产品和旧设备的改造，原有的继电器控制图已经设计完毕，并且实践证明设计合理，由于继电器电气原理图与 PLC 的梯形图类似，用户可以将继电器原理图转变为梯形图，但在转变中必须注意对输入常闭触点的处理。

以三相异步电动机起动、停止控制电路
为例进行说明。用 PLC 实现电动机起动、停
止控制时，I/O 接线图如图 4-22 所示，起动
按钮 SB1 为常开触点，接 I0.1；停止按钮
SB2 为常闭触点，接 I0.2。图 4-23a 是继电器
控制原理图，当编制的梯形图为图 4-23b
时，将程序送入 PLC，并运行该程序，会发
现输出继电器 Q0.0 线圈不能接通，电动机不
能起动。

图 4-22　三相异步电动机起停控制的 I/O 接线图

这是因为 PLC 一通电 I0.2 线圈就得电动作，其常闭触点断开。当按下起动按钮 SB1
时，I0.1 线圈得电，I0.1 常开触点闭合，但 Q0.0 线圈无法接通，必须将 I0.2 改为图 4-23c 所
示的常开触点才能满足起动、停止的要求。或者停止按钮 SB2 采用常开触点，就可采用
图 4-23b 的梯形图了。

图 4-23　输入常闭触点的编程

由此可见，如果输入为常开触点，梯形图与继电器原理图一致；如果输入为常闭触点，
梯形图与继电器原理图相反。为了与继电器原理图保持一致，在 PLC 中尽可能采用常开触
点作为输入信号。

4.3.2 定时器的扩展

S7-300 PLC 的定时器最长延时时间为 9990s。如果需要超过最大值的延时时间，可以采用"定时器接力"的方法实现定时器的扩展，即先启动一个定时器计时，计时时间到达后用第 1 个定时器的触点启动第 2 个定时器，再用第 2 个定时器的触点启动第 3 个定时器，依此类推，用最后一个定时器的触点去控制最终的控制对象，总的延时时间是所有定时器的设定值之和，这样就可以实现长延时，如图 4-24 所示。

图 4-24　定时器的扩展

设定时器的设定值分别为 T1、T2、T3….Tn，则总时间为

$$T=T1+T2+T3+…+Tn$$

定时器的扩展如图 4-24 所示，当输入 I1.0 接通时，定时器 T10 启动开始延时，5s 后 T10 的常开触点闭合，启动第 2 个定时器 T11；5s 后 T11 的常开触点闭合，启动第 3 个定时器 T12；5s 后 T12 的常开触点闭合，接通输出信号 Q1.1。从输入信号接通到送出输出信号，总的延时时间是 3 个定时器定时时间之和。

图中采用保持型接通延时定时器，即使输入信号断开，定时器继续延时，直到延时时间到达后送出定时器常开触点信号。Network 5 为定时器复位电路。

用户还可以采用定时器与计时器配合使用的方法扩展延时时间，详见第 6 章计数器的应用。

4.3.3 编程中的注意事项

1）梯形图每一行都是从左边母线开始，线圈接在最右边，触点不能放在线圈的右边。即左母线只能与触点相连，右母线只能与线圈相连，但右母线可以省略不画。

2）线圈不能直接与左边的母线相连。

3）两个或两个以上的线圈可以并联输出，但不能串联连接。

4）同一编号的线圈在一个程序中使用两次称为双线圈输出。双线圈输出容易引起误操

作，应避免线圈重复使用。

5）为了减少语句表指令的数量，串联电路中单个触点放在右边，串联触点较多的电路画在梯形图的上方；并联电路应放在左边，并联电路中单个触点放在下边。

6）由于 PLC 的运算速度远远大于继电器动作速度，如果继电器控制电路中有互锁环节，为了保证互锁功能，除了在 PLC 控制程序中设计软件互锁以外，还要设置 PLC 外部硬件互锁电路。

7）在梯形图中，程序被划分成独立的段，称为网络。编程软件按顺序自动地给网络编号。一个网络中只能有一个独立的电路，如果一个网络中有两个独立的电路，编译时会显示"无效网络或网络太复杂无法编译"。

8）如果多个线圈都受某一触点串并联电路的控制，为了简化电路，在梯形图中可以设置中间单元，即用该电路控制某存储器位（M），由存储器的常开触点控制各个线圈。

4.4 习题

1．S7-300 PLC 有几种形式的定时器？

2．脉冲定时器和扩展脉冲定时器有何区别？

3．接通延时定时器和保持型接通延时定时器有何区别？

4．简述接通延时定时器 SD 的工作原理，包括 S、R、TV、Q、BI、BCD 各个信号的动作情况。

5．时钟存储器有什么功能？怎样设置时钟存储器？

6．编写 PLC 控制程序，使 Q2.0 输出周期为 5s，占空比为 20% 的连续脉冲信号。

7．用多种方法设计一个延时 24h 的长延时程序。

8．设计一个楼道灯光延时点亮的控制程序，要求按下开灯开关后，至少延时 1h 楼道灯才自动点亮，如楼房管理员晚上 6 点下班时打开开关，到 7 点天黑楼道灯才自动点亮。

9．分别用不同的定时器设计以下程序：按下起动按钮 I0.0，Q2.0 控制的电动机运行 2h 后自动断电，同时 Q2.1 控制的制动电磁铁通电制动，5 s 后自动断开。

10．用接在 I0.0 输入端的光电开关检测传送带上通过的产品，有产品通过时 I0.0 为 ON。如果在 10 s 内没有产品通过，由 Q0.0 发出报警信号，由 I0.1 输入端外接的开关解除报警信号。画出梯形图，并写出对应的语句表程序。

11．某设备有 3 台鼓风机，试用 LAD 和 STL 设计程序，控制要求为：当设备处于运行状态时，如果有两台或两台以上风机工作，则指示灯常亮，指示"正常"；如果仅有一台风机工作，则该指示灯以 0.5Hz 的频率闪烁，指示"一级报警"；如果没有风机工作了，则指示灯以 2 Hz 的频率闪烁，指示"严重报警"。当设备不运转时，指示灯不亮。

12．设计电动机Y-△减压起动控制程序。按下起动按钮 SB1，接通电源接触器 KM1 和Y形接触器 KM2，电动机Y形联结开始减压起动，延时 3s 后Y形接触器 KM2 断开，三角形接触器 KM3 接通，电动机自动切换成三角形联结全压运行。按下停止按钮 SB2，系统立即停止工作。要求系统有过载保护。

13．设计一个照明灯的控制程序。当按下按钮 SB，照明灯 H 点亮 30s。如果在这段时间内又有人按下按钮，则时间间隔从头开始计算，这样可以保证在最后一次按下按钮后，灯光维持30 s 照明。

14. 试设计交通灯控制程序。图 4-25 为双干道交通信号灯设置示意图。信号灯的动作受开关总体控制，按一下起动按钮（常开按钮），信号灯系统开始工作，并周而复始地循环动作；按一下停止按钮（常开按钮），所有信号灯都熄灭。交通信号灯的控制时序如图 4-26 所示，试用梯形图编写交通信号灯控制程序。

图 4-25　双干道交通信号灯设置示意图

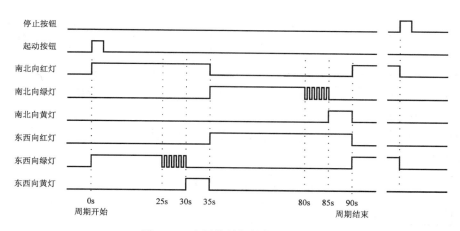

图 4-26　交通信号灯的控制时序图

第 5 章　置位与复位指令的应用

5.1　置位与复位

5.1.1　置位与复位指令

置位（S）指令和复位（R）指令都是输出指令，通常被称为静态赋值指令。前面介绍的赋值指令则被称为动态赋值。

1. 置位（S）指令

当 RLO 为 1 时，置位（S）指令对操作数进行置 1 操作并保持，置位（S）指令的格式及示例如表 5-1 所示。

表 5-1　置位（S）指令的格式及示例

指令形式	LAD	FBD	STL	
格式	"位地址" —(S)—	"位地址" S	S	位地址
示例	I1.0　　I1.2　　　　　Q2.0 —┤├──┤/├────(S)—	I1.0 & I1.2 ○　Q2.0 S	A AN S	I1.0 I1.2 Q2.0

示例中，当 I1.0 为 1 且 I1.2 为 0 时，RLO 为 1，对 Q2.0 置位并保持。

2. 复位（R）指令

当 RLO 为 1 时，复位（R）指令对操作数进行置 0 操作并保持，复位（R）指令的格式及示例如表 5-2 所示。

表 5-2　复位（R）指令的格式及示例

指令形式	LAD	FBD	STL	
格式	"位地址" —(R)—	"位地址" R	R	位地址
示例	I1.1　　I1.2　　　　　Q2.0 —┤├──┤/├────(R)—	I1.1 & I1.2 ○　Q2.0 R	A AN R	I1.1 I1.2 Q2.0

示例中，当 I1.1 为 1 且 I1.2 为 0 时，RLO 为 1，对 Q2.0 复位并保持。

置位指令和复位指令常配合使用，图 5-1 中的信号状态图说明了这两个指令的使用方法。示例中的置位指令保持 Q2.0 的状态为 1，直至复位指令把它变为 0；复位指令保持 Q2.0 的状态为 0，无论触点 I1.0 如何变化，Q2.0 仍保持为 0，直到置位指令把它置为 1。

图 5-1 置位和复位指令的梯形图及工作时序

a) 梯形图 b) 工作时序

当置位指令和复位指令的条件同时满足时，则复位指令优先，如图 5-1 中 I1.0 和 I1.1 同时为 1 时，则 Q2.0=0。

置位（S）和复位（R）指令也可用于结束一个逻辑串。因此，在 LAD 中置位和复位指令只能放在逻辑串的最右端，而不能放在逻辑串中间。

5.1.2 RS 触发器指令与 SR 触发器指令

STEP 7 有两种触发器：RS 触发器和 SR 触发器。

1. RS 触发器

RS 触发器为"置位优先"型触发器，当 R 端和 S 端的驱动信号同时为 1 时，触发器最终为置位状态，RS 触发器指令的格式及示例如表 5-3 所示。

表 5-3 RS 触发器指令的格式及示例

指令形式	LAD	FBD	STL
格式	"复位信号" ─┤├─ R RS Q ─── "置位信号" ─┤S├	"复位信号" ─R RS ─"置位信号" ─S Q	A 复位信号 R 位地址 A 置位信号 S 位地址
示例	I0.0 ─┤├─ I0.1 ─┤/├─ M0.1 R RS Q ─( )─ Q4.1 I0.0 ─┤/├─ I0.1 ─┤├─ S	I0.0 ─ I0.1 ─o & R RS M0.1 I0.0 ─o I0.1 ─ & S Q = Q4.1	A I0.0 AN I0.1 R M0.1 AN I0.0 A I0.1 S M0.1 A M0.1 = Q4.1

示例说明当 I0.0 为 1 且 I0.1 为 0 时，M0.1 被复位，Q4.1 输出为 0；当 I0.1 为 1 且 I0.0 为 0 时，M0.1 被置位，Q4.1 输出为 1。

2. SR 触发器

SR 触发器为"复位优先"型触发器，当 R 端和 S 端的驱动信号同时为 1 时，触发器最终为复位状态，SR 触发器指令的格式及示例如表 5-4 所示。

表 5-4　SR 触发器指令的格式及示例

指令形式	LAD	FBD	STL
格式			A　置位信号 S　位地址 A　复位信号 R　位地址
示例			A　I0.0 AN　I0.1 S　M0.3 AN　I0.0 A　I0.1 R　M0.3 A　M0.3 =　Q4.3

示例说明当 I0.0 为 1 且 I0.1 为 0 时，M0.3 被置位，Q4.3 输出为 1；当 I0.1 为 1 且 I0.0 为 0 时，M0.3 被复位，Q4.3 输出为 0。

图 5-2 中的信号状态图说明了示例中的 RS 触发器和 SR 触发器对 R 端和 S 端信号的响应及响应优先级。

图 5-2　RS 触发器和 SR 触发器的梯形图及工作时序

a) 梯形图　b) 工作时序

对于 RS 触发器和 SR 触发器，如果置位输入端（S 端）为 1，则触发器置位。此后，即使置位输入端变为 0，触发器仍保持置位状态不变。如果复位输入端（R 端）为 1，则触发器复位。此后，即使复位输入端变为 0，触发器仍保持复位状态不变。

对于 RS 触发器，当两个输入端都为 1 时，置位输入最终有效。即置位输入优先，触发器或被置位，或保持置位状态不变。

对于 SR 触发器，当两个输入端都为 1 时，复位输入最终有效。即复位输入优先，触发器或被复位，或保持复位状态不变。

5.2　STEP 7 的程序块类型

5.2.1　STEP 7 的程序结构

根据工程项目数据处理的需求，在编程时往往将程序分成若干部分，每个程序部分称为"块"。块包括用户块和系统块，它们在功能、结构和使用方法上各不相同。

1. 用户块

根据逻辑功能的不同，用户块分为下面 5 种。

（1）组织块（OB）

组织块 OB 构成操作系统和用户程序之间的接口，S7 提供了大量的组织块，这些组织块只能由 CPU 调用。组织块分为 3 大类：启动组织块、循环执行的组织块和中断组织块。中断组织块又分为时间中断、事件中断和诊断中断。为了避免组织块执行时发生冲突，操作系统为每个组织块分配了相应的优先级，组织块类型和优先级如表 5-5 所示。

表 5-5　组织块类型和优先级

类　　型		OB	优　先　级
循环执行的组织块		OB1	1
中断组织块	时间中断	OB10、OB35 等	2、12
	事件中断	OB20、OB40 等	3、16
	诊断中断	OB80～OB122 等	26
启动组织块		OB100、OB101、OB102	27

OB1 是用户自己编写的主循环组织块，其他程序块只有通过 OB1 的调用才能被 CPU 执行，OB1 是用户程序中唯一不可缺少的程序模块。用户可以把全部程序放在 OB1 中，连续不断地循环执行；也可以把程序放在不同的程序块中，在需要的时候由 OB1 调用这些程序块。

OB100 为热启动组织块，即初始化程序，只在 PLC 上电的第一个周期执行一次。

（2）功能块（FB）

功能块 FB（Function Block）是用户自己编写的程序块，通过数据块参数而调用，有自己的存储区（背景数据块），通过背景数据块传递参数。被其他程序块 OB、FC 和 FB 调用时，必须制定一个背景数据块。

（3）功能（FC）

功能 FC（Function）与功能块的根本区别在于它没有自己的存储区，即没有指定的背景数据块，不能存储信息，调用时必须向形参指定实参。功能一般用于编制重复发生而且复杂的自动化程序。

（4）数据块（DB）

数据块 DB（Data Block）中包含程序所使用的数据。根据使用方式的不同，数据块分为全局数据块和背景数据块两种。全局数据块又称为共享数据块，用于存储全局数据，所有逻辑块都可以在全局数据块内存储信息。背景数据块作为块的局部数据，是与被指定的功能块相关联的。

2．系统块

系统块包含在操作系统中，包括系统功能 SFC（System Function）、系统功能块 SFB（System Function Block）和系统数据块 SDB（System Data Block）。

用户可以调用系统功能和系统功能块，但不能对其进行修改。在用户的存储区中，这两个块本身不占据程序空间，而系统功能块被调用时，其背景数据块占用用户的存储空间。

系统块的调用关系如图 5-3 所示，图 5-4 为 CPU 的动态扫描过程。

图 5-3　系统块的调用关系

图 5-4　CPU 的动态扫描过程

5.2.2　启动组织块的应用

在 PLC 接通电源的瞬间，CPU 就进入启动模式。S7-300 PLC 系统的启动模式有 3 种类型：暖启动（Warm Restart）、热启动（Hot Restart）和冷启动（Cold Restart），可在设置 CPU 的属性时选择其一。S7-300 PLC CPU 的默认配置为暖启动。不同的启动类型对 CPU 数据区中的数据会有不同的影响。

1．暖启动

暖启动是完全再启动的启动类型，启动时过程映像寄存器和非保持型的标志存储器、定时器及计数器被清零，保持型的标志存储器、定时器和计数器以及数据块的当前值保持（一般必须有后备电池，如果使用 EPROM 并且 CPU 的保持特性已赋参数时可不用后备电池）。暖启动过程中 CPU 将执行一次暖启动组织块 OB100，然后顺序循环执行 OB1 的程序。

2．热启动

热启动是不完全再启动的启动类型，启动时所有数据（标志存储器、定时器、计数器、过程映像及数据块的当前值）被保持，热启动过程中 CPU 将执行一次热启动组织块 OB101，然后程序从断点处（由于断电或 CPU 被切换到 STOP 模式而中断的位置）恢复执行。这个"剩余循环"执行完后，开始顺序循环执行 OB1 的程序。

3．冷启动

CPU 的冷启动一般是针对电源故障定义启动方式。启动时将删除通过程序调用（调用 SFC）在工作存储器中创建的数据块，其他数据块中的过程值被预置为初始值，过程值丢失。所有过程映像区的数据、计数器、定时器和标志存储器都将被清零（含保持功能的计数器、定时器和标志位数据区）。可以在 S7-400 PLC 的 CPU 属性中设置上电后自动执行冷启动模式，S7-300 PLC 的 CPU 不支持上电后自动执行冷启动模式。新版 S7-300 系列 PLC 在 STEP 7 中可以手动执行冷启动操作。冷启动过程中 CPU 将执行一次冷启动组织块 OB102，然后顺序循环执行 OB1 的程序。

根据前面的描述，如果希望只在程序开始执行前对某些变量送一次初值，那么这种赋值操作就可以在启动组织块中完成。由于系统默认的启动方式为暖启动，所以可以将变量的初始化操作程序放置在 OB100 中。

5.3 技能训练 1 抢答器的控制

5.3.1 控制要求

抢答器设计控制要求如下：一人按下抢答按钮，接通本组抢答信号灯，告诉主持人和观众本组获得抢答权，同时切断其他各组信号灯电路；进入下一轮问题抢答时，主持人按下复位按钮，清除上一轮抢答信号，抢答重新开始。

5.3.2 任务分析

抢答器设计：4 人抢答器有 4 个按钮作为输入信号，分别接 I0.1、I0.2、I0.3、I0.4，主持人的复位按钮对应 I0.5，每人对应的输出灯为 Q2.1、Q2.1、Q2.3、Q2.4。要求：4 人抢答，谁先按按钮谁的指示灯优先亮，此后其他人再按下按钮无效，灯只能亮一盏；进入下一轮问题抢答时，主持人按下复位按钮，抢答重新开始。

另外，主持人按下复位按钮 10s 之后如果没有人抢答，此题作废，进入下一轮抢答。

5.3.3 任务实施

1．PLC 硬件配置及接线

抢答器控制系统有 4 个答题人抢答按钮，1 个主持人复位按钮，4 个抢答信号灯，5 个输入信号，4 个输出信号，PLC 系统可选择以下配置。

1）CPU 315 模块 1 只，订货号为 6ES7 315-1AF03-0AB0。

2）PS 307（5A）电源模块 1 只，订货号为 6ES7 307-1EA00-0AA0。

3）SM323 DI16/ DO16×DC 24V/0.5A 数字量输入/输出模块 1 只，订货号为 6ES7 323-1BL00-0AA0。

4）直流 24V 10A 的电源 1 只。

PLC 的 I/O 端子分配表如表 5-6 所示，PLC I/O 端子接线图如图 5-5 所示。

表 5-6　PLC 的 I/O 分配表

信　号	符　号	I/O 地址	功　能
输入信号	SB1	I0.1	第 1 组抢答按钮（常开）
	SB2	I0.2	第 2 组抢答按钮（常开）
	SB3	I0.3	第 3 组抢答按钮（常开）
	SB4	I0.4	第 4 组抢答按钮（常开）
	SB5	I0.5	主持人复位按钮（常开）
输出信号	HL1	Q2.1	第 1 组抢答信号灯
	HL2	Q2.2	第 2 组抢答信号灯
	HL3	Q2.3	第 3 组抢答信号灯
	HL4	Q2.4	第 4 组抢答信号灯

图 5-5　PLC 的 I/O 端子接线图

2．硬件组态

打开 SIMATIC Manager，新建一个项目并命名为"抢答器"，然后在该项目内插入一个 S7-300 PLC 的工作站。用鼠标双击硬件组态（Hardware）图标，进入硬件组态窗口，然后参照图 5-6 完成 PLC 硬件组态操作。

S...	Module	Order number	Firmware	MPI address	I address	Q address	Comment
1	PS 307 5A	6ES7 307-1EA00-0AA0					
2	CPU 315	6ES7 315-1AF03-0AB0	V1.2	2			
3							
4	DI16/DO16x24V/0.5A	6ES7 323-1BL00-0AA0			0...1	0...1	
5							

图 5-6　PLC 硬件组态

展开"SIMATIC 300"模块目录，再展开"RACK-300"子目录，用鼠标双击"Rail"插入一个导轨。选中导轨的 1 号槽位，插入电源模块"PS 307 5A"。选中导轨的 2 号槽位，插入 CPU 模块"CPU 315"，订货号为"6ES7 315-1AF03-0AB0""V1.2"。选中导轨的 4 号槽位，插入数字量输入/输出模块"SM 323 DI16/ DO16×DC24V/0.5A"，订货号为"6ES7 323-1BL00-0AA0"。

3．编辑全局符号表

在 SIMATIC Manager 的左视窗内展开"SIMATIC 300（1）"目录及"CPU 315"子目

录，单击"S7 Program（1）"程序文件夹图标，在右视窗中用鼠标双击"Symbols"图标打开符号编辑器，参照图 5-7 完成 PLC 符号表操作。

	Statu	Symbol	Address		Data typ	Comment
1		FC1	FC	1	FC 1	子程序
2		HL1	Q	2.1	BOOL	第一组灯
3		HL2	Q	2.2	BOOL	第二组灯
4		HL3	Q	2.3	BOOL	第三组灯
5		HL4	Q	2.4	BOOL	第四组灯
6		SB1	I	0.1	BOOL	第一组按钮
7		SB2	I	0.2	BOOL	第二组按钮
8		SB3	I	0.3	BOOL	第三组按钮
9		SB4	I	0.4	BOOL	第四组按钮
10		SB5	I	0.5	BOOL	主持人复位按钮
11		VAT_1	VAT	1		
12						

图 5-7 PLC 符号表

4. 控制程序设计

（1）功能 FC1 和 FC2 的程序设计

SB1（I0.1）按钮可以作为 SR 触发器的置位信号，而且要串入其他 3 路的互锁信号，否则就不止一盏指示灯亮，中间存储位地址为 M0.0。其他 3 路的工作原理相同，注意中间存储位地址分别为 M0.1、M0.2、M0.3，不能重复。FC1 的程序如图 5-8 所示。如果置位和复位信号同时满足，复位信号优先，即主持人优先。

图 5-8 FC1 的程序

97

图 5-8 FC1 的程序（续）

在 FC2 中，设计 SB5 的下降沿触发接通延时定时器 T1，在 FC1 中每一路串入 T1 的常闭触点。同时注意 SB5 的上升沿用于复位定时器 T1，为下次延时做准备，FC2 的程序如图 5-9 所示。

FC2：抢答器计时程序
Network 1：抢答器计时开始标志

Network 2：抢答器计时定时器

Network 3：抢答器计时标志复位

图 5-9 FC2 的程序

（2）OB1 的程序设计

抢答器程序采用模块式结构，在组织块 OB1 中编写主程序，FC1、FC2 是子程序，在 OB1 中无条件调用 FC1 和 FC2。OB1 中的主程序如图 5-10 所示。

OB1："Main Program Sweep (Cycle)"
Network 1：调用子程序

图 5-10 OB1 中的主程序

5.4 技能训练2 多级传送带的控制

传送带又称为带式输送机，是组成有节奏的流水作业线所不可缺少的经济型物流输送设备。传送带具有输送能力强、输送距离远、运行高速平稳、噪声低以及结构简单的特点，并可以上下坡传送，能方便地实行程序化控制和自动化操作，特别适合一些散碎原料及不规则物品的输送，在煤炭、采砂、食品、烟草和物流等生产领域运用非常普遍。对于多个流程工艺的生产线一般需要多级传送带。为了防止物料的堆积，多级传送带在正常起动时需按物流方向逆向逐级起动，正常停机时则按物流方向顺向逐级停机，故障停机时，故障点之前的传送带应立即停机，故障点之后的传送带应按物流方向顺向逐级停机。

5.4.1 控制要求

图 5-11 是由 3 条传送带和料斗组成的物料三级输送系统。为防止物料堆积，要求按下起动按钮后，3#传送带首先开始工作，2s（2 秒）后 2#传送带自动起动，再过 2s 1#传送带自动起动，再过 2s 料斗底门打开。按下停止按钮后，停机的顺序与起动的顺序相反，间隔为 2s。如果起动过程中按下停止按钮，没有起动的电动机不再起动，已起动的传送带按照起动的顺序逆序停止。

图 5-11   由 3 条传送带和料斗组成的物料三级输送系统的工作流程图

5.4.2 任务分析

多级传送带系统是典型的顺序控制，根据控制要求可以把控制系统分成 8 个工作状态，需要设置 8 个工作状态的标志：初始状态 F0，全部输出负载复位；F1 为第 1 级起动与延时，使 3#传送带的驱动电动机 M3 起动；F2 为第 2 级起动与延时，使 2#传送带的驱动电动机 M2 起动；F3 为第 3 级起动与延时，使 1#传送带的驱动电动机 M1 起动；F4 为第 4 级起动，使料斗底门打开，实现按物流方向的逆序起动；F5 为第 1 级停止，关闭料斗底门；F6 为第 2 级停止与延时，使 M1 停止；F7 为第 3 级停止与延时，使 M2 停止；第 4 级停止后返回初始状态 F0，实现按物流方向顺序停机。多级传送带系统的控制程序流程图如图 5-12 所示。

在起动过程中，第 1 级起动状态 F1 期间按下停止按钮，直接返回到初始状态 F0；第 2

级起动状态 F2 期间按下停止按钮，直接跳转到状态 F7；第 3 级起动状态 F3 期间按下停止按钮，直接跳转到状态 F6，然后顺序停止。

图 5-12   多级传送带系统的控制程序流程图

5.4.3   任务实施

1．PLC 硬件配置及接线

根据图 5-11 可知，物料三级输送系统有 3 台驱动电动机，1 个料斗底门电磁阀，因此需要 3 个交流接触器和 1 个电磁阀，共占用 PLC 的 4 个输出点；需要起动按钮 1 个、停止按钮 1 个，占用 PLC 的两个输入点。因此，PLC 系统可选择以下配置。

1）CPU 315 模块 1 只，订货号为 6ES7 315-1AF03-0AB0。

2）PS 307（5A）电源模块 1 只，订货号为 6ES7 307-1EA00-0AA0。

3）SM323 DI16/DO16×DC 24V/0.5A 数字量输入/输出模块 1 只，订货号为 6ES7 323-1BL00-0AA0。

4）直流 24V 10A 的电源 1 只。

PLC 的 I/O 地址分配表如表 5-7 所示，PLC 的 I/O 接线图如图 5-13 所示。

表 5-7   PLC 的 I/O 地址分配表

信 号	符 号	I/O 地址	功 能
输入信号	SB1	I0.1	启动按钮（常开）
	SB2	I0.2	停止按钮（常开）
输出信号	KM1	Q2.1	M1 运行接触器
	KM2	Q2.2	M2 运行接触器
	KM3	Q2.3	M3 运行接触器
	L	Q2.4	料斗底门电磁阀

2．硬件组态

打开 SIMATIC Manager，新建一个项目并命名为"传送带"，然后在该项目内插入一个

S7-300 PLC 的工作站。进入硬件组态窗口，然后参照图 5-14 进行硬件组态。

图 5-13　PLC 的 I/O 接线图

S...		Module	...	Order number	...	Firmware	MPI address	I address	Q add...	Comment
1		PS 307 5A		6ES7 307-1EA00-0AA0						
2		CPU 315		6ES7 315-1AF00-0AB0			2			
3										
4		DI16/DO16x24V/0.5A		6ES7 323-1BL00-0AA0				0...1	0...1	
5										

图 5-14　硬件组态

3. 编辑全局符号表

参照图 5-15 编辑符号表。

S7 Program(1) (Symbols) —— 料斗顺序控制\SIMATIC 300(1)\CPU 315

	Statu	Symbol /	Address		Data typ	Comment
1		COMPLETE RESTART	OB	100	OB 100	初始化程序
2		F0	M	0.0	BOOL	初始标志
3		F1	M	0.1	BOOL	状态1标志
4		F2	M	0.2	BOOL	状态2标志
5		F3	M	0.3	BOOL	状态3标志
6		F4	M	0.4	BOOL	状态4标志
7		F5	M	0.5	BOOL	状态5标志
8		F6	M	0.6	BOOL	状态6标志
9		F7	M	0.7	BOOL	状态7标志
10		KM1	Q	2.1	BOOL	M1运转
11		KM2	Q	2.2	BOOL	M2运转
12		KM3	Q	2.3	BOOL	M3运转
13		L	Q	2.4	BOOL	料斗底门打开
14		SB1	I	0.1	BOOL	起动按钮
15		SB2	I	0.2	BOOL	停止按钮
16						

图 5-15　编辑符号表

4. 控制程序设计

（1）初始状态，全部输出负载复位

控制系统起动之前，全部输出负载均处于复位状态，由初始状态标志 F0 对全部输出负载进行复位，如图 5-16 所示。

（2）设置第 1 级起动状态标志，复位初始状态标志

按下起动按钮 SB1，用置位指令设置第 1 级起动状态标志 F1，同时用复位指令复位初始状态标志 F0，进入第 1 级起动过程，如图 5-17 所示。

图 5-16　初始状态设置　　　　　　　　　　图 5-17　设置第 1 级起动标志

用第 1 级起动状态标志 F1 置位 M3 的控制接触器 KM3，同时起动第 1 级起动延时定时器 T1，如图 5-18 所示。

根据控制要求，在 F1 起动过程中按下停止按钮 SB2，直接返回到初始状态，同时复位 F1，设置第 1 级起动后的停止如图 5-19 所示。

图 5-18　第 1 级起动延时定时器 T1　　　　图 5-19　设置第 1 级起动后的停止

（3）设置第 2 级起动状态标志，复位第 1 级起动状态标志

第 1 级起动延时时间结束后，置位第 2 级起动状态标志 F2，同时复位第 1 级起动状态标志 F1，进入第 2 级起动过程，如图 5-20 所示。

用第 2 级起动状态标志 F2 置位 M2 的控制接触器 KM2，同时起动第 2 级起动延时定时器 T2，如图 5-21 所示。

图 5-20　设置第 2 级起动标志　　　　　　　图 5-21　设置第 2 级起动延时定时器 T2

根据控制要求，在 F2 起动过程中按下停止按钮 SB2，直接到停止状态标志 F7，同时复位 F2，设置第 2 级起动后的停止如图 5-22 所示。

（4）设置第 3 级起动状态标志，复位第 2 级起动状态标志

第 2 级起动延时时间结束后，置位第 3 级起动状态标志 F3，同时复位第 2 级起动状态标志 F2，进入第 3 级起动过程，设置第 3 级起动标志如图 5-23 所示。

图 5-22 设置第 2 级起动后的停止

图 5-23 设置第 3 级起动标志

用第 3 级起动状态标志 F3 置位 M1 的控制接触器 KM1，同时起动第 3 级起动延时定时器 T3，如图 5-24 所示。

Network 9：F3标志下M1运行，设置M1运行延时T3

```
        "F3"                          "KM1"
    ─────┤├───┬──────────────────────( S )────
              │                        T3
              └──────────────────────( SD )────
                                      S5T#2S
```

图 5-24 设置第 3 级起动延时定时器 T3

根据控制要求，在 F3 起动过程中按下停止按钮 SB2，直接到停止状态标志 F6，同时复位 F3，设置第 3 级起动后的停止如图 5-25 所示。

Network 11：启动过程按下停止按钮，直接到F6标志，M1停止，M2和M3延时停止

```
        "F3"          "SB2"              "F6"
    ─────┤├───────────┤├───┬───────────( S )────
                          │            "F3"
                          └───────────( R )────
```

图 5-25 设置第 3 级起动后的停止

（5）设置第 4 级起动状态标志，复位第 3 级起动状态标志

第 3 级起动延时时间结束后，置位第 4 级起动状态标志 F4，同时复位第 3 级起动状态标志 F3，进入第 4 级起动过程，设置第 4 级起动标志如图 5-26 所示。

图 5-26 设置第 4 级起动标志

用第 4 级起动状态标志 F4 置位料斗的控制电磁阀 L，如图 5-27 所示。

图 5-27　设置第 4 级输出动作

（6）设置第 1 级停止状态标志，复位起动状态标志

按下停止按钮 SB2，置位第 1 级停止状态标志 F5，同时复位起动状态标志 F4，进入第 1 级停止过程，如图 5-28 所示。

用第 1 级停止状态标志 F5 复位料斗的控制电磁阀 L，同时起动第 1 级停止延时定时器 T4，如图 5-29 所示。

图 5-28　设置第 1 级停止标志　　　　　图 5-29　设置第 1 级停止动作和延时

（7）设置第 2 级停止状态标志，复位第 1 级停止状态标志

第 1 级停止延时时间结束后，置位第 2 级停止状态标志 F6，同时复位第 1 级停止状态标志 F5，进入第 2 级停止过程，如图 5-30 所示。

用第 2 级停止状态标志 F6 复位 M1 的控制接触器 KM1，同时起动第 2 级停止延时定时器 T5，如图 5-31 所示。

图 5-30　设置第 2 级停止标志　　　　　图 5-31　设置第 3 级停止动作和延时

（8）设置第 3 级停止状态标志，复位第 2 级停止状态标志

第 2 级停止延时时间结束后，置位第 3 级停止状态标志 F7，同时复位第 2 级停止状态标志 F6，进入第 3 级停止过程，如图 5-32 所示。

用第 3 级停止状态标志 F7 复位 M2 的控制接触器 KM2，同时起动第 3 级停止延时定时器 T6，如图 5-33 所示。

Network 17：T5延时时间到，F7标志动作，F6复位

图 5-32　设置第 3 级停止动作和延时

Network 18：F7标志下，停止M2，设置延时T6

图 5-33　设置第 3 级停止动作和延时

（9）设置第 4 级停止状态标志，复位第 3 级停止状态标志

第 3 级停止延时时间结束后，置位第 4 级停止状态标志，也就是初始状态标志 F0，同时复位第 3 级停止状态标志 F7，系统进入初始状态 F0，同时复位 M3，如图 5-34 所示。

Network 19：T6延时时间到，F0标志动作，F7复位，返回初始状态，M1停止

图 5-34　返回初始状态

（10）OB100 初始程序

设置系统的初始化标志 F0，如图 5-35 所示。

OB100 ：初始化程序
Network 1：初始标志置位

图 5-35　设置初始状态

（11）主循环程序 OB1

在 OB1 中直接调用 FC1，实现对整个系统的控制。主循环程序如图 5-36 所示。

OB1 ： 主循环程序
Network 1：

图 5-36　主循环程序

5.4.4 方案调试

程序设计完成以后，必须将 PLC 的硬件组态信息及所有的程序模块下载到目标 PLC，先进行离线仿真调试，离线仿真调试通过后再进行现场在线调试。只有在线调试通过后才能交付用户使用。下面介绍离线仿真调试的步骤。

1．编辑调试变量表

在 SIMATIC Manager 窗口内单击 Blocks 文件夹，在右视窗内单击鼠标右键，执行快捷菜单命令"Insert New Object"→"Variable Table"插入一个调试变量表，然后用鼠标双击变量表并按图 5-37 输入调试变量并保存。

2．启动仿真工具（PLCSIM）并下载用户程序

在 SIMATIC Manager 窗口内单击仿真工具图标🖳启动仿真工具 PLCSIM，并选择当前项目所用 CPU 作为调试对象，然后下载硬件组态信息及程序块 OB1、OB100、FC1。

图 5-37　编辑调试变量表

3．调试数据

在 PLCSIM 窗口内执行菜单命令"Tools"→"Options"→"Attach Symbols"选择当前项目符号表进行符号匹配，然后执行菜单命令"Insert"→"Vertical Bits"或单击"Insert Vertical Bit"工具图标🗗插入两个按位垂直排列的字节变量，并指定字节地址分别为 IB0 和 IB1。调整 IB0 及 IB1 在窗口内的布局并尽量将窗口调到最小，然后单击图钉按钮🗎固定窗口，或执行菜单命令"View"→"Always On Top"将窗口始终放置在最顶层。

在变量表上单击监控工具图标🕶将变量表切换到监控状态。摆放好 PLCSIM 窗口的位置，离线仿真调试如图 5-38 所示。将 CPU 模式开关切换到 RUN 或 RUN-P 模式，然后在 PLCSIM 窗口内操作输入信号的状态，在变量表窗口内观察输出信号的状态，并及时在 PLCSIM 窗口内给出反馈信号。

图 5-38 离线仿真调试

为了节省调试时间，在离线仿真调试时可将长延时定时器的时间值设短一些，仿真调试通过后再恢复原来的设定时间。

（1）起动过程调试

起动过程的调试步骤：RUN→F0→在 PLCSIM 窗口内勾选 SB1 后取消，以模拟起动按钮的动作→F1 动作→使 KM3 为 1→2s 后 F2 动作→KM2 为 1→2s 后 F3 动作→KM1 为 1→2s 后 F4 动作→使 L 为 1，起动过程结束。

（2）停机过程调试

停机过程调试步骤：起动过程结束后，取消并再次勾选 SB2，以模拟常闭型停止按钮的动作→F5 动作→使 L 为 0→2s 后 F6 动作→使 KM1 为 0→2s 后 F7 动作→使 KM2 为 0→2s 后 F0 动作→使 KM3 为 0，停机过程结束。

（3）起动过程故障调式

在起动过程中故障停机时，故障点之前的传送带应立即停机，故障点之后的传送带应按物流方向顺向逐级停机。

当 F1 动作→KM3 为 1→取消并再次勾选 SB2，以模拟常闭型停止按钮的动作→F0 动作→使 KM3 为 0。

当 F2 动作→KM2 为 1→取消并再次勾选 SB2→F7 动作→使 KM2 为 0→2s 后 F0 动作→使 KM3 为 0。

当 F3 动作→KM1 为 1 时→取消并再次勾选 SB2→F6 动作→使 KM1 为 0→2s 后 F7 动作→使 KM2 为 0→2s 后 F0 动作→使 KM3 为 0。

在设计实际生产线的 PLC 控制系统时，都是用接触器来驱动电动机之类的大电流负载，而接触器的线圈则由中间继电器的触点控制。中间继电器的线圈（一般采用 DC 24V）最终由 PLC 的数字输出点控制，实现高电压大电流系统与弱电系统的隔离，确保 PLC 系统的安全。为了保护 PLC 的输出触点不被高电压（或大电流）冲击，一般需要在中间继电器的线圈两端并接二极管和电阻的串联网络，可有效释放中间继电器关断时产生的感应电动势。

在编写 PLC 的控制程序时，为了确定被 "PLC→中间继电器→接触器" 控制的电动机是否已经真正运行（或停车），常取接触器的触点信号状态作为电动机的状态，而不是用 PLC 的触点信号状态。这样可以确保反馈信息的真实可靠，从而提高控制系统的可靠性。

5.5 习题

1．在 RS 触发器中，什么是"置位优先"和"复位优先"？如何运用？置位、复位指令与 RS 触发器指令有什么区别？

2．对于 RS 和 SR 触发器而言，当 S 和 R 两个输入端均为 1 时，触发器为什么状态？

3．设计一个汽车库自动门控制系统，具体控制要求是：当汽车到达车库门前，超声波开关接收到车来的信号，车库门上升；升到顶点碰到上限开关时，门停止上升；当汽车驶入车库后，光电开关发出信号，门电动机反转，门下降；当下降碰到下限开关时后，门电动机停止。画出 I/O 接线图，设计梯形图程序。

4．如图 5-39 所示，某自动生产线上使用有轨小车来运转工序之间的物件，小车的驱动采用电动机拖动，自动生产线工作示意图如图 5-39 所示。控制过程为：

1）按下起动按钮，小车从 A 站出发驶向 B 站，抵达后，延时 5s 返回 A 站。

2）返回 A 站后延时 5s 驶向 C 站，抵达后，延时 5s 返回 A 站。

3）返回 A 站后延时 5s 驶向 D 站，抵达后，延时 5s 返回 A 站。

4）运行一个周期后停止运行，即完成 1）、2）、3）动作后自动停止。

5）重复 1）、2）、3）动作，直到按下停止按钮，系统停止运行。

画出 I/O 接线图，设计梯形图程序。

图 5-39 自动生产线工作示意图

第6章 计数器的应用

6.1 计数器指令

在 S7-300 PLC 的 CPU 存储器内预留有一定容量的存储区专门供计数器存储计数值，S7-300 PLC 的计数器都是 16 位的，每个计数器占用该区域 2B 空间。不同的 CPU 型号，用于计数器的存储区域也不同，最多允许使用 64～512 个计数器。因此在使用计数器时，计数器的地址编号（C0～C511）必须在有效范围之内。S7-300 系列 PLC 有加计数器、减计数器和加/减计数器 3 种，如图 6-1 所示。

6.1.1 加/减计数器（S_CUD）

加/减计数器（S_CUD）的块图指令的格式及示例如表 6-1 所示。

图 6-1 计数器

表 6-1 加/减计数器（S_CUD）的块图指令的格式及示例

指令形式	LAD	FBD	STL
格式	 Cno S_CUD 加计数输入—CU　Q—输出位地址 减计数输入—CD　CV—计数字单元1 预置信号—S　CV_BCD—计数字单元2 计数初值—PV 复位信号—R	 Cno S_CUD 加计数输入—CU 减计数输入—CD 预置信号—S　CV—计数字单元1 计数初值—PV　CV_BCD—计数字单元2 复位信号—R　Q—输出位地址	A　加计数输入 CU　Cno A　减计数输入 CD　Cno A　预置信号 L　计数初值 S　Cno A　复位信号 R　Cno L　Cno T　计数字单元1 LC　Cno T　计数字单元2 A　Cno =　输出位地址
示例	 I0.0　　C0　　Q4.0 ┤├—CU　Q—( ) I0.1—CD　CV—MW4 I0.2—S　CV_BCD—MW6 C#5—PV I0.3—R	 C0 S_CUD I0.0—CU I0.1—CD I0.2—S　CV—MW4 C#5—PV　CV_BCD—MW6 I0.3—R　Q——Q4.0 =	A　I0.0 CU　C0 A　I0.1 CD　C0 A　I0.2 L　C#5 S　C0 A　I0.3 R　C0 L　C0 T　MW4 LC　C0 T　MW6 A　C0 =　Q4.0

表内各符号的含义如下。

1）Cno 为计数器的编号，其编号范围与 CPU 的具体型号有关。

2）CU 为加计数输入端，该端每出现一个上升沿，计数器自动加 1。当计数器的当前值为 999 时，计数值保持为 999，加 1 操作无效。

3）CD 为减计数输入端，该端每出现一个上升沿，计数器自动减 1。当计数器的当前值为 0 时，计数值保持为 0，此时的减 1 操作无效。

4）S 为预置信号输入端，该端出现上升沿的瞬间，将计数初值作为当前值。

5）PV 为计数初值输入端，初值的范围为 0～999。可以通过字存储器（如 MW0、IW0等）为计数器提供初值，也可以直接输入 BCD 码形式的立即数。此时的立即数格式为 C#xxx，如 C#6、C#999 等。

6）R 为计数器复位信号输入端。任何情况下，只要该端出现上升沿，计数器就会立即复位。复位后计数器当前值变为 0，输出状态为 0。

7）Q 为计数器状态输出端，只要计数器的当前值不为 0，计数器的状态就为 1。该端可以连接位存储器，如 Q4.0、M1.7 等，也可以悬空。Q 的状态与计数器地址 Cno 的状态相同。

8）CV 为以二进制格式显示（或输出）的计数器当前值，如 16#0023、16#00ab 等。该端可以接各种字存储器，如 MW4、QW0 等，其数据参考数据处理，也可以悬空。

9）CV_BCD 为以 BCD 码形式显示（或输出）的计数器当前值，如 C#369、C#023 等。该端可以接各种字存储器，如 MW4、QW0 等，也可以悬空。

示例中 I0.0 每出现一次上升沿 C0 就自动加 1（最大加到 999），I0.1 每出现一次上升沿 C0 就自动减 1（最小减到 0）。C0 的当前值保存在 MW4（16 进制整数）和 MW6（BCD 码格式）中，如果 C0 的当前值不为 0，Q4.0 就为 1，否则 Q4.0 为 0。当 I0.2 出现上升沿时，计数器的当前值将立即置为 5（由 C#5 决定），同时 Q4.0 为 1，以后将从 5 开始计数；如果 I0.3 出现上升沿，则计数器的当前值立即置 0，同时 Q4.0 为 0，以后 C0 将从 0 开始计数。加减计数器的功能示意图如图 6-2 所示。

图 6-2　加减计数器的功能示意图

6.1.2　加计数器（S_CU）

加计数器（S_CU）的块图指令的格式及示例如表 6-2 所示，表中各符号的含义与 S_CUD 计数器各符号的含义相同。

表6-2　加计数器（S_CU）的块图指令的格式及示例

指令形式	LAD	FBD	STL
格式			A　　加计数输入 CU　　Cno BLD　101 A　　预置信号 L　　计数初值 S　　Cno A　　复位信号 R　　Cno L　　Cno T　　计数字单元1 LC　　Cno T　　计数字单元2 A　　Cno =　　输出位地址
示例			A　　I0.0 CU　　C1 BLD　101 A　　I0.1 L　　C#99 S　　C1 A　　I0.2 R　　C1 NOP　0 NOP　0 A　　C1 =　　Q4.1

示例中 I0.0 每出现一次上升沿，C1 就自动加 1（最大加到 999），如果 C1 的当前值不为 0，Q4.1 就为 1，否则 Q4.1 为 0。当 I0.1 出现上升沿时，计数器的当前值将立即置为 99（由 C#99 决定），同时 Q4.1 为 1，以后将从 99 开始计数；如果 I0.2 出现上升沿，则计数器的当前值立即置 0，同时 Q4.1 为 0，以后 C1 将从 0 开始计数。

6.1.3　减计数器（S_CD）

减计数器（S_CD）的块图指令的格式及示例如表 6-3 所示。各符号的含义与 S_CUD 计数器各符号的含义相同。

表 6-3 减计数器（S_CD）的块图指令的格式及示例

指令形式	LAD	FBD	STL
格式	 减计数输入—CD　Q—输出位地址 预置信号—S　CV—计数字单元1 计数初值—PV　CV_BCD—计数字单元2 复位信号—R	 减计数输入—CD 预置信号—S　CV—计数字单元1 计数初值—PV　CV_BCD—计数字单元2 复位信号—R　Q—输出位地址	A　　减计数输入 CD　Cno BLD　101 A　　预置信号 L　　计数初值 S　　Cno A　　复位信号 R　　Cno L　　Cno T　　计数字单元1 LC　Cno T　　计数字单元2 A　　Cno =　　输出位地址
示例	I0.0　C2（S_CD）　Q4.2 CD　Q（ ） I0.1—S　CV—MW0 C#99—PV　CV_BCD—… I0.2—R	I0.0—CD　C2（S_CD） I0.1—S　CV—MW0 C#99—PV　CV_BCD—… I0.2—R　Q—Q4.2 =	A　　I0.0 CD　C2 BLD　101 A　　I0.1 L　　C#99 S　　C2 A　　I0.2 R　　C2 L　　C2 T　　MW0 NOP　0 A　　C2 =　　Q4.2

示例中 I0.0 每出现一次上升沿，C2 就自动减 1（最小减到 0），如果 C2 的当前值不为 0，Q4.2 就为 1，否则 Q4.2 为 0。当 I0.1 出现上升沿时，计数器的当前值将立即置为 99（由 C#99 决定），同时 Q4.2 为 1，以后将从 99 开始计数；如果 I0.2 出现上升沿，则计数器的当前值立即置 0，同时 Q4.2 为 0。

为了区别双向计数和单向计数功能，在 STL 语句中加入 BLD101 语句。

6.1.4 线圈形式的计数器

除了前面介绍的块图形式的计数器指令以外，S7-300 系列 PLC 还为用户准备了 LAD 环境下使用的线圈形式的计数器。这些计数器指令有计数器初值预置指令 SC（如图 6-3a 所示）、加计数器指令 CU（如图 6-3b 所示）和减计数器指令 CD（如图 6-3c 所示）。

图 6-3 计数器的线圈指令

a) 计数器初值预置指令 b) 加计数器指令 c) 减计数器指令

其中，计数器初值预置指令 SC 若与加计数器指令 CU 配合可实现 S_CU 指令的功能（如图 6-4a 所示）；计数器初值预置指令 SC 若与减计数器指令 CD 配合可实现

S_CD 指令的功能（如图 6-4b 所示）；计数器初值预置指令 SC 若与加计数器指令 CU 和减计数器指令 CD 配合可实现 S_CUD 的功能（如图 6-4c 所示）。

图 6-4　加、减计数器线圈指令应用示例

a) SC 与 CU 配合　b) SC 与 CD 配合　c) SC 与 CU 和 CD 配合

6.2　数据传送指令

MOVE 指令为数据传送指令，能够给字节（B）、字（W）或双字（D）数据对象赋值，MOVE 指令的格式及示例如表 6-4 所示。其中，IN 为被传送数据输入端；OUT 为数据接收端；EN 为使能端，只有当 EN 信号的 RLO 为 1 时，才允许执行数据传送操作，将 IN 端的数据传送到 OUT 端所指定的存储器；ENO 为使能输出，其状态跟随 EN 信号而变化。实际应用中 IN 和 OUT 端操作数可以是常数、I、Q、M、D、L 等类型，但必须在数据宽度上相匹配。

表 6-4　MOVE 指令的格式及示例

指令形式	LAD	FBD
格式	使能输入 —EN　MOVE　ENO— 使能输出 数据输入 —IN　　　　OUT— 数据输出	使能输入 —EN　MOVE　OUT— 数据输出 数据输入 —IN　　　　ENO— 使能输出
示例	I0.1　MOVE　Q4.0 —EN　　ENO—（ ） MB0—IN　OUT—PQB5	I0.1—EN　MOVE　OUT—PQB5 MB0—IN　　　ENO—　Q4.0 =

示例中，当 I0.1 为 1 时，将数据字节 MB0 的内容直接复制到过程输出字节 PQB5，同时使 Q4.0 动作。

6.3 比较指令

比较指令可完成整数、双整数或 32 位浮点数（实数）的相等、不等、大于、小于、大于或等于及小于或等于等比较运算。

6.3.1 整数比较指令

整数比较指令有 3 种形式，整数比较指令的格式、说明及示例如表 6-5 所示。

表 6-5　整数比较指令的格式、说明及示例

对于 STL 形式的指令，直接将累加器 2 的内容与累加器 1 的内容进行比较，如果比较结果为真，则指令的 RLO=1。比较结果将影响状态字的 CC1 和 CC0。

对于 LAD 和 FBD 形式的指令，当使能端有效时则将由参数 IN1 提供的整型（INT）

数据与由 IN2 提供的整型（INT）数据进行比较，如果比较结果为真，则输出 1，否则输出 0。

示例中，如果 I0.1 为 1，则对 MW10 和 IW20 中的 16 位整型数据进行比较，如果两个数据相等，则 M8.0 为 1，否则 M8.0 为 0。

6.3.2　双整数比较指令

双整数比较指令有 3 种形式，双整数比较指令的格式、说明及示例如表 6-6 所示。

表 6-6　双整数比较指令的格式、说明及示例

STL 指令	LAD 指令	FBD 指令	说　明	示　　例
==D	CMP ==D IN1 IN2	CMP ==D IN1 IN2	双整数 相等 （EQ_D）	
<>D	CMP <>D IN1 IN2	CMP <>D IN1 IN2	双整数 不等 （NE_D）	LAD 程序 CMP >=D　Q4.0 MD0—IN1 MD4—IN2
>D	CMP >D IN1 IN2	CMP >D IN1 IN2	双整数 大于 （GT_D）	FBD 程序： CMP >=D MD0—IN1　Q4.0 MD4—IN2　=
<D	CMP <D IN1 IN2	CMP <D IN1 IN2	双整数 小于 （LT_D）	
>=D	CMP >=D IN1 IN2	CMP >=D IN1 IN2	双整数 大于或等于 （GE_D）	STL 程序 Network 1： L　MD0　//装入存储双字MD0 L　MD4　//装入输入双字MD4 >=D　//比较第一个数是否大于或等于第二个数 =　Q4.0　//如果MD0>=MD4，则RLO=1，Q4.0=1
<=D	CMP <=D IN1 IN2	CMP <=D IN1 IN2	双整数 小于或等于 （LE_D）	

对于 STL 形式的指令，则直接对累加器 2 的内容与累加器 1 的内容进行比较，如果比较结果为真，则指令的 RLO=1。比较结果将影响状态字的 CC1 和 CC0。

对于 LAD 和 FBD 形式的指令，当使能端有效时则对由参数 IN1 提供的双整型（DINT）数据与由 IN2 提供的双整型（DINT）数据进行比较，如果比较结果为真，则输出 1，否则输出 0。

示例中，直接对两个双整型数据 MD0 和 MD4 进行比较，如果 MD0 的内容大于或等于

MD4 的内容，则说明比较结果为真，输出 Q4.0 为 1，否则 Q4.0 为 0。

6.3.3 实数比较指令

实数比较指令有 3 种形式，实数比较指令的格式、说明及示例如表 6-7 所示。

表 6-7　实数比较指令的格式、说明及示例

STL 指令	LAD 指令	FBD 指令	说明	示例
==R	CMP ==R IN1 IN2	CMP ==R IN1 IN2	实数 相等 （EQ_R）	LAD 程序
<>R	CMP <>R IN1 IN2	CMP <>R IN1 IN2	实数 不等 （NE_R）	
>R	CMP >R IN1 IN2	CMP >R IN1 IN2	实数 大于 （GT_R）	FBD 程序:
<R	CMP <R IN1 IN2	CMP <R IN1 IN2	实数 小于 （LT_R）	STL 程序 Network 1： L MD0 //装入存储双字MD0 L MD4 //装入输入双字MD4 >R //比较第一个数是否大于第二个数 = Q4.0 //如果MD0>MD4，则RLO=1，Q4.0=1
>=R	CMP >=R IN1 IN2	CMP >=R IN1 IN2	实数 大于或等于 （GE_R）	
<=R	CMP <=R IN1 IN2	CMP <=R IN1 IN2	实数 小于或等于 （LE_R）	

对于 STL 形式的指令，直接将累加器 2 的内容与累加器 1 的内容进行比较，如果比较结果为真，则指令的 RLO=1。比较结果将影响状态字的 CC1 和 CC0。

对于 LAD 和 FBD 形式的指令，当使能端有效时则将由参数 IN1 提供的实型（REAL）数据与由 IN2 提供的实型（REAL）数据进行比较，如果比较结果为真，则输出为 1，否则输出为 0。

示例中，直接对两个实型数据 MD0 和 MD4 进行比较，如果 MD0 的内容大于 MD4 的内容，则说明比较结果为真，输出 Q4.0 为 1，否则 Q4.0 为 0

比较指令如图 6-5 所示。

图 6-5　比较指令

6.4　移位指令

6.4.1　基本移位指令

　　S7-300 PLC 系统的基本移位指令（简称为移位指令）可对有符号整数或双整数及无符号的字或双字数据进行移位（左移、右移）操作，其中每条移位指令都有 3 种指令形式。对于 STL 形式的基本移位指令，可将累加器 1 低字中的内容逐位移动，结果保存在累加器 1 中。由移位指令中给定的数值（0~15）或累加器 2 低字中低字节的数值（0~255）确定移动的位数。对于 LAD 和 FBD 形式的基本移位指令，由参数 IN（类型为 INT 或 WORD）指定待移位的数值，由参数 N（类型为 WORD）指定移位的位数，结果保存在由参数 OUT（类型为 INT 或 WORD）指定的存储区内。EN（类型为 BOOL）为使能输入信号，ENO（类型为 BOOL）为使能输出，ENO 和 EN 具有相同的状态。当 EN 的信号状态为 1 时，激活字逻辑运算。上述参数使用的操作数可以是 I、Q、M、L、D。移位指令如图 6-6 所示。

图 6-6　移位指令

1．有符号整数或双整数的移位指令

有符号整数或双整数的移位指令的格式及示例如表6-8所示。

表6-8 有符号整数或双整数的移位指令的格式及示例

STL	LAD	FBD	说　明	示　　例
SSI 或 SSI <数值>	SHR_I (EN ENO / IN OUT / N)	SHR_I (EN / IN OUT / N ENO)	有符号整数右移（SHR_I）空出位用符号位（位15）填补，最后移出的位送CC1，有效移位位数是0～15	Network 1：整数右移 I0.1 —[ ]— SHR_I (EN ENO) — Q4.0 ( ) MW0—IN OUT—MW2 W#16#3—N
SSD 或 SSD <数值>	SHR_DI (EN ENO / IN OUT / N)	SHR_DI (EN / IN OUT / N ENO)	有符号双整数右移（SHR_DI）空出位用符号位（位31）填补，最后移出的位送CC1，有效移位位数是0～31	Network 1：双整数右移（FBD） I0.1 — SHR_DI (EN / IN OUT—MD0 / N ENO) L#168—IN W#16#18—N Q4.1 =

2．无符号字或双字移位指令

无符号字或双字移位指令的格式及示例如表6-9所示。

表6-9 无符号字或双字移位指令的格式及示例

STL	LAD	FBD	说明	示例
SLW 或 SLW <数值>	SHL_W (EN ENO / IN OUT / N)	SHL_W (EN / IN OUT / N ENO)	字左移（SHL_W）空出位用 0 填补，最后移出的位送CC1，有效移位位数是0～15	L MW0 //将数字装入累加器 1 SLW 6 //左移 6 位 T MW2 //将结果传输到 MW2
SRW 或 SRW <数值>	SHR_W (EN ENO / IN OUT / N)	SHR_W (EN / IN OUT / N ENO)	字右移（SHR_W）空出位用 0 填补，最后移出的位送CC1，有效移位位数是0～15	Network 1：字右移（LAD） I0.1 —[ ]— SHR_W (EN ENO) — Q4.2 ( ) MW0—IN OUT—MW0 MW2—N
SLD 或 SLD <数值>	SHL_DW (EN ENO / IN OUT / N)	SHL_DW (EN / IN OUT / N ENO)	双字左移（SHL_DW）空出位用 0 填补，最后移出的位送CC1，有效移位位数是0～31	L +3 //将数字+3 装入累加器 1 L 18 //累加器 1→累加器 2 //18→累加器 1 SLD //左移 3 位 T MD2 //将结果传输到 MD2
SRD 或 SRD <数值>	SHR_DW (EN ENO / IN OUT / N)	SHR_DW (EN / IN OUT / N ENO)	双字右移（SHR_DW）空出位用 0 填补，最后移出的位送CC1，有效移位位数是0～31	L +5 //将数字+5 装入累加器 1 L MD0 //累加器 1→累加器 2 //MD0→累加器 1 SRD //右移 5 位 T MD2 //将结果传输到 MD2

6.4.2 循环移位指令

循环移位指令可对双字数据进行循环移位（左移或右移），也可实现累加器 1 带 CC1 的循环移位（左移或右移）操作。循环移位指令格式及示例如表 6-10 所示。

表 6-10　循环移位指令格式及示例

STL	LAD	FBD	说　明	示　例
RLD RLD <数值>	ROL_DW EN ENO IN OUT N	ROL_DW EN IN OUT N ENO	双字循环左移（ROL_DW） 有效移位位数是 0～31	Network 1：双字循环左移（LAD） I0.1 —| |— ROL_DW EN ENO MD0 —IN OUT— MD2 W#16#2 —N
RRD 或 RRD <数值>	ROR_DW EN ENO IN OUT N	ROR_DW EN IN OUT N ENO	双字循环右移（ROR_DW） 有效移位位数是 0～31	Network 1：双字循环右移（FBD） ROR_DW I0.1 —EN MD0 —IN OUT— MD0　Q4.4 IW0 —N ENO　　=
RLDA	—	—	累加器 1 通过 CC1 循环左移，累加器 1 的内容与 CC1 一起进行循环左移 1 位。CC1 移入累加器 1 的位 0，累加器 1 的位 31 移入 CC1	L MD0　　//MD0→累加器 1 RLDA　　//带 CC1 循环左移 1 位 JP NEXT　//若 CC1=1，则转到 NEXT
RRDA	—	—	累加器 1 通过 CC1 循环右移，累加器 1 的内容与 CC1 一起进行循环右移 1 位。CC1 移入累加器 1 的位 31，累加器 1 的位 0 移入 CC1	L MD0　　//MD0→累加器 1 RRDA　　//带 CC1 循环右移 1 位 T MD2　　//将结果传输到 MD2

　　S7-300 PLC 系统的每条循环移位指令都有 3 种指令形式，对于 STL 形式的循环移位指令，可对整个累加器的内容进行逐位循环移动，结果保存在累加器 1 中。由移位指令中给定的数值（0～31）或累加器 2 中低字节中的数值（0～255）确定循环移动的位数。对于 LAD 和 FBD 形式的循环移位指令，由参数 IN（类型为 DINT 或 DWORD）指定待移位的数值，由参数 N（类型为 WORD）指定循环移位的位数，结果保存在由参数 OUT（类型为 DINT 或 DWORD）指定的存储区内。EN（类型为 BOOL）为使能输入信号，ENO（类型为 BOOL）为使能输出，ENO 和 EN 具有相同的状态。当 EN 的信号状态为 1 时，激活相应的移位指令。上述参数使用的操作数可以是 I、Q、M、L、D。

6.5　技能训练　多台电动机单个按钮的控制

　　通常一个电路的起动和停止控制是由两个按钮分别完成的。当一个 PLC 控制多个这种需要起/停操作的电路时，将占用很多的 I/O 资源。一般 PLC 的 I/O 点是按 3：2 的比例配置的。由于大多数被控系统是输入信号多，输出信号少，有时在设计一个不太复杂的控制系统时，也会面临输入点不足的问题，因此用单按钮实现起/停控制的意义很重要。

6.5.1　控制要求

　　设某设备有两台电动机，要求用 PLC 实现一个按钮同时对两台电动机的控制。具体要求如下。
- 第 1 次按动按钮时，只有第 1 台电动机工作。
- 第 2 次按动按钮时，第 1 台电动机停车，第 2 台电动机工作。
- 第 3 次按动按钮时，两台电动机同时停车。

6.5.2　任务分析

按任务要求，用单按钮对多台电动机进行起/停控制可采用多种方案来实现，如逻辑指令、计数器和比较器、计数器当前值的位信号、移位指令、定时器等。但是，不管用哪种方案实现，都必须注意一个扫描周期内与按钮操作次数相对应的各状态信号的唯一性或排他性。

6.5.3　任务实施

1．控制方案 1——用逻辑指令实现

要用逻辑指令实现两台电动机的单按钮起/停控制，必须为每次操作设置一个状态标志。在本次操作中该状态标志必须为 1，而其他状态标志必须为 0。

第 1 次按操作按钮之前，两台电动机都处于停机状态，对应接触器 KM1 和 KM2 的常闭触点闭合，因此可用 KM1 和 KM2 的常闭触点设置状态标志 F1。

第 2 次按操作按钮之前，第 1 台电动机处于工作状态，第 2 台电动机处于停机状态，对应接触器 KM1 的常开触点闭合，KM2 的常闭触点闭合，因此可用 KM1 的常开触点和 KM2 的常闭触点设置状态标志 F2。

第 3 次按操作按钮之前，第 1 台电动机处于停机状态，第 2 台电动机处于工作状态，对应接触器 KM1 的常闭触点闭合，KM2 的常开触点闭合，因此可用 KM1 的常闭触点和 KM2 的常开触点设置状态标志 F3。

为了保证每次操作按钮只在一个扫描周期内起作用，所以要用上升沿检测指令检测操作按钮 SB1 的动作。当状态标志 F1 为 1 时，可直接对 KM1 置位；当状态标志 F2 为 1 时，可直接对 KM2 置位，同时对 KM1 复位；当状态标志 F3 为 1 时，可直接对 KM2 复位。控制方案 1——用逻辑指令实现如图 6-7 所示。

图 6-7　控制方案 1——用逻辑指令实现

Network 3：电动机2工作

```
      M1.1                                    Q4.1
    状态标志2                                  电动机2
     "F2"                                     "KM2"
  ─────┤├────────┬──────────────────────────────( S )──────┤

                                               Q4.0
                                              电动机1
                                              "KM1"
                 └──────────────────────────────( R )──────┤
```

Network 4：电动机停机

```
      M1.2                                    Q4.1
    状态标志3                                  电动机2
     "F3"                                     "KM2"
  ─────┤├──────────────────────────────────────( R )──────┤
```

图 6-7　控制方案 1——用逻辑指令实现（续）

2．控制方案 2——用计数器及比较指令实现

要用计数器及比较指令实现两台电动机的单按钮起/停控制，可用操作按钮控制计数器的加 1 操作，然后用比较指令判断计数器的当前值是否为 1、2 或 3。如果计数器的当前值为 1，则起动第 1 台电动机；如果计数器的当前值为 2，则起动第 2 台电动机，同时关闭第 1 台电动机；如果计数器的当前值为 3，则复位计数器，同时关闭第 2 台电动机。控制方案 2——用计数器及比较指令实现如图 6-8 所示。

图 6-8　控制方案 2——用计数器及比较指令实现

3. 控制方案 3——用计数器实现

要单独用计数器指令实现两台电动机的单按钮起停控制，可用操作按钮控制计数器的加 1 操作，然后取计数器当前值最低 2 位的状态判断是否为 01、10 或 11，计数器的当前值保存在 MW10 中，由 MB10 和 MB11 组成，最低两位为 M11.1 和 M11.0。如果计数器当前值最低 2 位的状态 01，则起动第 1 台电动机；如果计数器当前值最低 2 位的状态为 10，则起动第 2 台电动机，同时关闭第 1 台电动机；如果计数器当前值最低 2 位的状态为 11，则复位计数器，同时关闭第 2 台电动机。控制方案 3——用计数器实现如图 6-9 所示。

图 6-9　控制方案 3——用计数器实现

4. 控制方案 4——用移位指令实现

要用移位指令实现两台电动机的单按钮起停控制，需首先设置一个控制字，然后用控制字的最低两位分别控制两台电动机，每按动一次操作按钮控制字向右移动两位。第 1 次操作时控制字的最低两位应变为 01；第 2 次操作时控制字的最低两位应变为 10；第 3 次操作时控制字的最低两位应变为 00。因此可推得控制字的初始值为：xxxx xxxx 0010 01xx（二进制数），其中的"x"既可以为 0，也可以为 1。但是，为实现循环操作用 0 来替换初始值中的"x"，当操作 1 个循环以后，控制字就会变为 0，可方便进行判断。一旦控制字变为 0，应用数据传送指令重新对控制字赋初值。控制字的初值为 W#16#24。

另外，由于 PLC 采用顺序循环扫描的方式来执行 OB1 的每条指令，如果在 OB1 或 OB1 的子程序（如 FC、FB）中用传送指令第 1 次为控制字设置初值，必将导致每个扫描周期都会进行一次赋值操作，无法实现控制字的 3 次移位。解决的办法就是将控制字的第 1 次赋值指令放置启动组织块 OB100 中。由于 OB100 只有在 PLC 重新起动时执行一次，以后 CPU 不再扫描 OB100 的指令，所以可以避免对控制字的反复赋值。

控制方案 4——用移位指令实现如图 6-10 所示。在组织块 OB100 中为控制字设置初值如图 6-11 所示。

图 6-10 控制方案 4——用移位指令实现

图 6-11 在组织块 OB100 中为控制字设置初值

6.6 计数器的扩展

6.6.1 计数器与定时器配合使用

S7-300 PLC 的定时器最长延时时间为 9990s，即 2h46min30s。为了得到更长的延时时间，可以把计数器与定时器配合使用实现长延时。如要实现延时 12h 的定时功能，可以先设计一个周期振荡电路，用两个定时时间均为 7200s 的接通延时定时器输出振荡周期为 4h 的脉冲信号，作为初始值为 3 的减计数器的触发脉冲，每 4h 触发一次。当减计数器计数值为 0 时，正好是 12h。图 6-12 为计数器与定时器配合扩展定时器定时范围的梯形图，当输入信号 I0.0 接通后，延时 12h 后输出信号 Q4.0 接通，实现长延时。注意：图中 I0.0 为长输入信号。

在程序的 Network1 和 Network2 中，T2 和 T3 组成周期振荡电路，振荡周期为 4h。在 Network3 中，计数器 C0 预置信号输入端加上升沿检测指令，保证计数器只预置一次初值。

在 Network4 中，用 T2 的下降沿信号作为计数器 C0 的计数脉冲信号，因为在开始的 2h 中 T2 的输出为"0"，2h 后延时时间到 T2 的输出为"1"，经过 4h 后 T2 才能出现下降沿。如果用 T2 的上升沿作为计数脉冲信号，将会少 2h，所以在编写程序时一定要注意这些细节。在 Network6 中，以 C0 的常闭触点和启动按钮 I0.0 串联控制输出信号 Q4.0。当计数器 C0 的计数值为 0 时，定时时间已经到 12h。

图 6-12　计数器与定时器配合扩展定时器定时范围的梯形图

6.6.2　计数器的扩展

在使用计数器时，由于受计数器计数范围的限制，单个计数器的计数值不能满足要求，可以采用几个计数器组合起来使用，以扩大计数范围。

1. 加法扩展法

设有 n 个计数器，分别为 C1、C2…Cn，采用加法扩展法，则

$$系统总计数值=C1 设定值+C2 设定值+…+Cn 设定值$$

图 6-13 为 3 个计数器采用加法扩展法扩展计数器的梯形图，其中 M100.5 为 1s 时钟脉冲源，先在 CPU 中设置好。程序中 Network1～3 为计数器 C2 的控制程序，Network4～6 为计数器 C3 的控制程序，Network7～9 为计数器 C4 的控制程序。当启动信号 I1.0 接通时，C2、C3 和 C4 分别预置初值 5，C2 开始对 M100.5 提供的时钟脉冲进行减计数。当 C2 的当前值为 0 时，C2 的常闭触点复位，C3 开始减计数；当 C3 的当前值为 0 时，C4 的常闭触点复位，C4 开始减计数。

在 Network10 中把 C4 的当前值传送到 MW10，在 Network11 中对 MW10 的值与 0 进行比较。当 MW10=0 时，即计数器 C4 的当前值为 0，接通输出信号 Q4.1，总的计数值为 3 个计数器初值的和，实现 3 个计数器的加法扩展。I1.0 常闭触点使每个计数器复位，也作为停止计数的信号。

图 6-13 3 个计数器采用加法扩展法扩展计数器的梯形图

2．乘法扩展法

设有两个计数器，计数设定值都为 n，采用乘法扩展法，则系统总计数值为 C。

$$C=n^2-(n-1)$$

图 6-14 为两个计数器采用乘法扩展法扩展计数器的梯形图，其中 M100.5 作为 1s 时钟脉冲。

程序中 Network1～3 为计数器 C10 的控制程序，当 C10 计数当前值从 5 减为 0 时，C10 常开触点断开一个扫描周期，产生计满 5 个数的脉冲，供 C11 计数一次，同时 C10 的常闭触点接通一个扫描周期，使 C10 重新预置初值，开始又一轮计数；Network4～6 为计数器 C11 的控制程序，C11 对 C10 常开触点的下降沿进行计数。

在 Network7 中把 C11 的当前值传送到 MW20，在 Network8 中对 MW20 的值与 0 进行比较。当 MW20=0 时，即计数器 C11 的当前值为 0，接通输出信号 Q4.2，总的计数值为

$5×5-(5-1)=21$。I1.0 常闭触点使每个计数器复位，也作为停止计数的信号。

图 6-14　两个计数器采用乘法扩展法扩展计数器的梯形图

注意: 由于计数器的乘法扩充比较复杂，在使用时要注意一些细节。对于计数器的初值不相等，或者用 3 个计数器实现乘法扩充等情况，请读者自行设计程序。

6.7　习题

1. S7-300 PLC 的计数器有几种计数方式?
2. 用线圈表示的计数器与用功能框表示的计数器有何区别?
3. 用计数器与定时器配合设计一个延时 24h 的定时器扩展程序。
4. 用时钟存储器与计数器配合，设计一个延时 48h 的定时器扩展程序。

5．设计一个能计数 15000 的计数器。

6．实现电动机的单按钮起/停控制，要求第 1 次操作按钮时电动机起动，第 2 次操作按钮时电动机停机，第 3 次操作按钮时电动机起动，即奇数次电动机起动，偶数次电动机停机，如此循环。试编写 LAD 控制程序。

提示： 可参考前面介绍的几种方案进行编写，单按钮控制 1 台电动机的起/停如图 6-15 所示。

图 6-15　单按钮控制 1 台电动机的起/停

7．信号灯的单按钮控制。用 1 个按钮控制一个指示灯，要求第 1 次操作按钮时指示灯亮，第 2 次操作按钮时指示灯闪亮，第 3 次操作按钮时指示灯灭，如此循环。试编写 LAD 控制程序。

8．设计一个监控系统的程序，监控 3 台电动机的运转。如果两台或两台以上电动机在运转，信号灯就持续点亮；如果只有 1 台运转，信号灯就以 1Hz 的频率闪烁；如果 3 台电动机都不转，信号灯以 2Hz 的频率闪烁。

第7章 功能指令

7.1 数据装入、传输和转换指令

7.1.1 数据装入指令和传输指令

数据装入指令（L）和传输指令（T）可以对字节（8 位）、字（16 位）、双字（32 位）数据进行操作。当数据长度小于 32 位时，数据在累加器 1 中右对齐（低位对齐），其余各位补 0。数据装入指令（L）和传输指令（T）能够完成以下功能。

- 输入/输出存储区（I/O）与位存储区（M）、过程输入/输出存储区（PI/PQ）、定时器（T）、计数器（C）及数据区（D）之间的数据交换。
- 过程输入/输出存储区（PI/PQ）与位存储区（M）、定时器（T）、计数器（C）和数据区（D）之间的数据交换。
- 定时器（T）/计数器（C）与过程输入/输出存储区（PI/PQ）、位存储区（M）和数据区（D）之间的数据交换。

数据装入指令（L）和传输指令（T）必须通过累加器进行数据交换，因此 CPU 在每次扫描中都无条件执行这些指令。也就是说，这些指令不受语句逻辑操作结果（RLO）的影响。

S7-300 PLC 系统有两个 32 位的累加器：累加器 1 和累加器 2。当执行装入指令时，首先将累加器 1 中原有的数据移入累加器 2，而累加器 2 中原有的内容被覆盖，然后将数据装入累加器 1 中；当执行传输指令时，将累加器 1 中的数据写入目标存储区中，而累加器 1 的内容保持不变。

1. 对累加器 1 的装入指令和传输指令

（1）L 指令

L 指令可以将被寻址操作数的内容（字节、字或双字）送入累加器 1 中，未用到的位清零。指令格式如下。

    L   操作数

其中，操作数可以是立即数（如–5、B#16#1A、'AB'、S5T#8S、P#I1.0 等）、直接或间接寻址的存储区（如 IB0、MW2、DBB12 等）。L 指令示例如表 7-1 所示。

表 7-1　L 指令示例

示例（STL）	说　　　明
L B#16#1B	向累加器 1 低字的低字节装入 8 位的十六进制常数
L 139	向累加器 1 低字装入 16 位的整型常数
L B#(1,2,3,4)	向累加器 1 的 4B 分别装入常数 1、2、3、4

示例（STL）	说　明
L　L#168	向累加器 1 装入 32 位的整型常数 168
L　'ABC'	向累加器 1 装入字符型常数 ABC
L　C#10	向累加器 1 装入计数型常数
L　S5T#10S	向累加器 1 装入 S5 定时器型常数
L　1.0E+2	向累加器 1 装入实型常数
L　T#1D_2H_3M_4S	向累加器 1 装入时间型常数
L　D#2005_10_20	向累加器 1 装入日期型常数
L　IB10	将输入字节 IB10 的内容装入累加器 1 低字的低字节
L　MB20	将存储字节 MB20 的内容装入累加器 1 低字的低字节
L　DBB10	将数据字节 DBB10 的内容装入累加器 1 低字的低字节
L　DIW15	将背景数据字 DIW15 的内容装入累加器 1 的低字
L　LD252	将本地数据双字 LD252 装入累加器 1
L　P#I4.7	将指针装入累加器 1
L　C1	将计数器 C1 的计数值以二进制格式装入累加器 1 的低字
L　T2	将定时器 T2 的当前值以二进制格式装入累加器 1 的低字

（2）T 指令

T 指令可以将累加器 1 的内容复制到被寻址的操作数（目标地址），所复制的字节数取决于目标地址的类型（字节、字或双字），指令格式如下。

　　　　T　操作数

其中，操作数可以是过程输出存储区（PQ）、数据存储区（M）或过程映像输出区（Q）。T 指令示例如表 7-2 所示。

表 7-2　T 指令示例

示例（STL）	说　明
T　QB10	将累加器 1 低字的低字节的内容传输到输出字节 QB10
T　MW16	将累加器 1 低字的内容传输到存储字 MW16
T　DBD2	将累加器 1 的内容传输到数据双字 DBD2

2. 状态字与累加器 1 之间的装入指令和传输指令

（1）L　STW 指令

使用 L　STW 指令可以将状态字装入累加器 1 中，指令的执行与状态位无关，而且对状态字没有任何影响。对于 S7-300 PLC，使用该指令不能装入状态字的 FC、STA 和 OR 位，只有位 1、4、5、6、7 和 8 才能装入到累加器 1 低字的相应位中，其他未用到的位（位 9～31）清零。指令格式如下。

　　　　L　STW

（2）T　STW 指令

使用 T　STW 指令可以将累加器 1 的位 0～8 传输到状态字的相应位，指令的执行与状态位无关，指令格式如下。

T　STW

3．与地址寄存器有关的装入指令和传输指令

S7-300 PLC 系统有两个地址寄存器：AR1 和 AR2。对于地址寄存器可以不经过累加器 1 直接对操作数装入和传输，或直接交换两个地址寄存器的内容。

（1）LAR1 指令

使用 LAR1 指令可以将操作数的内容（32 位指针）装入地址寄存器 AR1，执行后累加器 1 和累加器 2 的内容不变。指令的执行与状态位无关，而且对状态字没有任何影响，指令格式如下。

LAR1　[操作数]

其中，操作数可以是累加器 1、指针型常数（P#）、存储双字（MD）、本地数据双字（LD）、数据双字（DBD）、背景数据双字（DID）或地址寄存器 AR2，操作数可以省略。若省略操作数，则直接将累加器 1 的内容装入地址寄存器 AR1。LAR1 指令示例如表 7-3 所示。

表 7-3　LAR1 指令示例

示例（STL）	说　　明
LAR1	将累加器 1 的内容装入 AR1
LAR1　P#I0.0	将输入位 I0.0 的地址指针装入 AR1
LAR1　P#M10.0	将一个 32 位指针常数装入 AR1
LAR1　P#2.7	将指针数据 2.7 装入 AR1
LAR1　MD20	将存储双字 MD20 的内容装入 AR1
LAR1　DBD2	将数据双字 DBD2 中的指针装入 AR1
LAR1　DID30	将背景数据双字 DID30 中的指针装入 AR1
LAR1　LD180	将本地数据双字 LD180 中的指针装入 AR1
LAR1　P#Start	将符号名为"Start"的存储器的地址指针装入 AR1
LAR1　AR2	将 AR2 的内容传输到 AR1

（2）LAR2 指令

使用 LAR2 指令可以将操作数的内容（32 位指针）装入地址寄存器 AR2，指令格式同 LAR1。其中，操作数可以是累加器 1、指针型常数（P#）、存储双字（MD）、本地数据双字（LD）、数据双字（DBD）或背景数据双字（DID），但不能用 AR1。

（3）TAR1 指令

使用 TAR1 指令可以将地址寄存器 AR1 的内容（32 位指针）传输给被寻址的操作数，指令的执行与状态位无关，而且对状态字没有任何影响，指令格式如下。

TAR1　[操作数]

其中，操作数可以是累加器 1、存储双字（MD）、本地数据双字（LD）、数据双字（DBD）、背景数据双字（DID）或 AR2，操作数可以省略。若省略操作数，则直接将地址寄存器 AR1 的内容传输到累加器 1，累加器 1 的原有内容传输到累加器 2。TAR1 指令示例如表 7-4 所示。

表 7-4   TAR1 指令示例

示例（STL）	说　　　明
TAR1	将 AR1 的内容传输到累加器 1
TAR1　DBD20	将 AR1 的内容传输到数据双字 DBD20
TAR1　DID20	将 AR1 的内容传输到背景数据双字 DBD20
TAR1　LD180	将 AR1 的内容传输到本地数据双字 LD180
TAR1　AR2	将 AR1 的内容传输到地址寄存器 AR2

（4）TAR2 指令

使用 TAR2 指令可以将地址寄存器 AR2 的内容（32 位指针）传输给被寻址的操作数，指令格式同 TAR1。其中，操作数可以是累加器 1、存储双字（MD）、本地数据双字（LD）、数据双字（DBD）、背景数据双字（DID），但不能用 AR1。

（5）CAR 指令

使用 CAR 指令可以交换地址寄存器 AR1 和地址寄存器 AR2 的内容，指令不需要指定操作数。指令的执行与状态位无关，而且对状态字没有任何影响。

4．LC 指令

使用 LC 指令可以在累加器 1 的内容保存到累加器 2 中之后，将指定定时器的当前时间值和时基以 BCD 码（0～999）格式装入到累加器 1 中，或将指定计数器的当前计数值以 BCD 码（0～999）格式装入到累加器 1 中。指令格式如下。

    LC   <定时器/计数器>

例如，

    LC   T3   //将定时器 3 的当前定时值和时基以 BCD 码格式装入累加器 1 低字。
    LC   C10   //将计数器 C10 的计数值以 BCD 码格式装入累加器 1 低字。

定时器的定时字（包含时基信息和当前值）格式及"LC　T3"指令执行后累加器 1 低字中内容的变化情况如图 7-1 所示。

图 7-1   定时字格式

7.1.2 转换指令

转换指令可对累加器 1 中的数据进行数据类型转换，转换结果仍存放在累加器 1 中。S7-300 PLC 系统可以实现 BCD 码与整数、整数与长整数、长整数与实数、整数求反码、整数求补码、实数求反等数据类型转换操作。

1. BCD 码和整数与其他类型数据的转换指令

S7-300 PLC 系统共有 6 条 BCD 码和整数与其他类型数据的转换指令，每条指令都有 3 种指令形式。指令说明及示例如表 7-5 和表 7-6 所示。

表 7-5　BCD 码和整数与其他类型数据的转换指令、说明及示例（STL）

指　令	说　明	示　例

BTI	将累加器 1 低字中的内容作为 3 位 BCD 码（−999～+999）进行编译，并转换为整数，结果保存在累加器 1 低字中，累加器 2 保持不变。累加器 1 的位 11～0 为 BCD 码数值部分，位 15～12 为 BCD 码的符号位（0000 代表正数；1111 代表负数）。
	如果 BCD 编码出现无效码（10～15）会引起转换错误（BCDF），并使 CPU 进入 STOP 状态
		L　MW0　//将 3 位 BCD 码装入
		　　　　　//累加器 1 的低字中
		BTI　　　//将 BCD 码转换为整数，
		　　　　　//结果存入累加器 1 的低字中
		T　MW20　//将结果（整数）传送到
		　　　　　//存储字 MW20

BTD	将累加器 1 的内容作为 7 位的 BCD 码（−9999999～+9999999）进行编译，并转换为长整数，结果保存在累加器 1 中，累加器 2 保持不变。累加器 1 的位 27～0 为 BCD 码数值部分，位 31 为 BCD 码的符号位（0 代表正数；1 代表负数），位 30～28 无效。
	如果 BCD 编码出现无效码（10～15）会引起转换错误（BCDF），并使 CPU 进入 STOP 状态
		L　MD0　　//将 7 位 BCD 码装入
		　　　　　//累加器 1 中
		BTD　　　//将 BCD 码转换为长整数，
		　　　　　//结果存入累加器 1 中
		T　MD20　//将结果（长整数）传送到
		　　　　　//存储双字 MD20

ITB	将累加器 1 低字中的内容作为一个 16 位整数进行编译，并转换为 3 位的 BCD 码，结果保存在累加器 1 的低字中，累加器 1 的位 11～0 为 BCD 码数值部分，位 15～12 为 BCD 码的符号位（0000 代表正数；1111 代表负数），累加器 1 的高字及累加器 2 保持不变
	BCD 码的范围在−999～+999 之间，如果有数值超出这一范围，则 OV=“1”、OS=“1”
		L　MW0　//将整数装入累加器 1 的低字中
		ITB　　　//将整数转换为 3 位的 BCD 码，
		　　　　　//结果存入累加器 1 的低字中
		T　MW20　//将结果（3 位的 BCD 码）
		　　　　　//传送到存储字 MW20

DTB	将累加器 1 中的内容作为一个 32 位长整数进行编译，并转换为 7 位的 BCD 码，结果保存在累加器 1 中，位 27～0 为 BCD 码数值部分，位 31～28 为 BCD 码的符号位（0000 代表正数；1111 代表负数），累加器 2 保持不变
	BCD 码的范围在−9999999～+9999999 之间，如果有数值超出这一范围，则 OV=“1”、OS=“1”
		L　MD0　　//将长整数装入累加器 1 中
		DTB　　　//将长整数转换为 7 位的 BCD，
		　　　　　//结果存入累加器 1 中
		T　MD20　//将结果（BCD 码）传送到
		　　　　　//存储双字 MD20

ITD	将累加器 1 低字中的内容作为一个 16 位整数进行编译，并转换为 32 位的长整数，结果保存在累加器 1 中，累加器 2 保持不变	L　MW0　//将整数装入累加器 1 中
		ITD　　　//将整数转换为长整数，
		　　　　　//结果存入累加器 1 中
		T　MD20　//将结果（长整数）传送到
		　　　　　//存储双字 MD20

DTR	将累加器 1 中的内容作为一个 32 位长整数进行编译，并转换为 32 位的 IEEE 浮点数，结果保存在累加器 1 中	L　MD0　　//将长整数装入累加器 1 中
		DTR　　　//将长整数转换为 32 位浮点数，
		　　　　　//结果存入累加器 1 中
		T　MD20　//将结果（浮点数）传送到
		　　　　　//存储双字 MD20

表 7-6　BCD 码和整数与其他类型数据的转换指令说明及示例（LAD 和 FBD）

LAD	FBD	说　明	示　例
BCD_I（EN ENO / IN OUT）	BCD_I（EN OUT / IN ENO）	将 3 位 BCD 码转换为整数	I0.1 — BCD_I（EN ENO / MW0—IN OUT—MW20）　或　I0.1—BCD_I（EN OUT—MW20 / MW0—IN ENO）
BCD_DI（EN ENO / IN OUT）	BCD_DI（EN OUT / IN ENO）	将 7 位 BCD 码转换为长整数	I0.1 — BCD_DI（EN ENO / MD0—IN OUT—MD10）　或　I0.1—BCD_DI（EN OUT—MD10 / MD0—IN ENO）
I_BCD（EN ENO / IN OUT）	I_BCD（EN OUT / IN ENO）	将整数转换为 3 位的 BCD 码	I0.1 — I_BCD（EN ENO / MW0—IN OUT—MW6）　或　I0.1—I_BCD（EN OUT—MW6 / MW0—IN ENO）
DI_BCD（EN ENO / IN OUT）	DI_BCD（EN OUT / IN ENO）	将长整数转换为 7 位的 BCD 码	I0.1 — DI_BCD（EN ENO / MD0—IN OUT—MD10）　或　I0.1—DI_BCD（EN OUT—MD10 / MD0—IN ENO）
I_DI（EN ENO / IN OUT）	I_DI（EN OUT / IN ENO）	将整数转换为长整数	I0.1 — I_DI（EN ENO / MW0—IN OUT—MD20）　或　I0.1—I_DI（EN OUT—MD20 / MW0—IN ENO）
DI_R（EN ENO / IN OUT）	DI_R（EN OUT / IN ENO）	将长整数转换为 32 位的浮点数	I0.1 — DI_R（EN ENO / MD0—IN OUT—MD10）　或　I0.1—DI_R（EN OUT—MD10 / MD0—IN ENO）

2. 整数与实数的码型变换指令

S7-300 PLC 系统共有 5 条整数与实数的码型变换指令，每条指令都有 3 种形式。指令说明及示例如表 7-7 和表 7-8 所示。

表 7-7　整数与实数的码型变换指令说明及示例（STL）

指　令	说　明	示　例	

INVI	对累加器 1 低字中的 16 位数求二进制反码（逐位求反，即"1"变为"0"、"0"变为"1"），结果保存在累加器 1 的低字中	L　MW0
		INVI
		T　MW20
			//将 16 位数装入累加器 1 的低字中
			//对 16 位数求反，结果存入累加器 1 的低字中
			//将结果传送到存储字 MW20

INVD	对累加器 1 中的 32 位数求二进制反码，结果保存在累加器 1 中	L　MD0
		INVD
		T　MD20
			//将 32 位数装入累加器 1 中
			//对 32 位数求反，结果存入累加器 1 中
			//将结果传送到存储双字 MD20

NEGI	对累加器 1 低字中的 16 位数求二进制补码（对反码加 1），结果保存在累加器 1 的低字中	L　MW0
		NEGI
		T　MW20/
			//将 16 位数装入累加器 1 的低字中
			//对 16 位数求补，结果存入累加器 1 的低字中
			//将结果传送到存储字 MW20

NEGD	对累加器 1 中的 32 位数求二进制补码，结果保存在累加器 1 中	L　MD0
		NEGD
		T　MD20
			//将 32 位数装入累加器 1 中
			//对 32 位数求补，结果存入累加器 1 中
			//将结果传送到存储双字 MD20

NEGR	对累加器 1 中的 32 位浮点数求反（相当于乘以–1），结果保存在累加器 1 中	L　MD0
		NEGR
		
		T　MD20
			//将 32 位浮点数装入累加器 1 中，假设为+3.14
			//对 32 位浮点数求反，结果存入累加器 1 中
			//结果变为–3.14
			//将结果传送到存储双字 MD20

133

表 7-8 整数与实数的码型变换指令说明及示例（LAD 和 FBD）

LAD	FBD	说　明	示　例
INV_I	INV_I	求整数的二进制反码	
INV_DI	INV_DI	求长整数的二进制反码	
NEG_I	NEG_I	求整数的二进制补码	
NEG_DI	NEG_DI	求长整数的二进制补码	
NEG_R	NEG_R	对浮点数求反	

3. 实数取整指令

S7-300 PLC 系统共有 4 条实数取整指令，每条指令都有 3 种指令形式。实数取整指令说明及示例（STL）、实数取整指令说明及示例（LAD 和 FBD）分别如表 7-9 和表 7-10 所示。

表 7-9　实数取整指令说明及示例（STL）

指　令	说　明	示　例	

RND	将累加器 1 中的 32 位浮点数转换为长整数，并将结果取整为最近的整数。如果被转换数字的小数部分位于奇数和偶数中间，则选取偶数结果。结果保存在累加器 1 中	L　MD0
		RND
		T　MD20
			//将 32 位浮点数装入累加器 1 中
			//对 32 位浮点数转换为长整数
			//将结果传送到存储字 MD20

TRUNC	截取累加器 1 中的 32 位浮点数的整数部分并转换为长整数，结果保存在累加器 1 中	L　MD0
		TRUNC
		T　MD20
			//将 32 位浮点数装入累加器 1 中
			//截取浮点数的整数部分，并转换为长整数
			//将结果传送到存储字 MD20

RND+	将累加器 1 中的 32 位浮点数转换为大于或等于该浮点数的最小的长整数，结果保存在累加器 1 中	L　MD0
		RND+
		T　MD20
			//将 32 位浮点数装入累加器 1 中
			//取大于或等于该浮点数的最小的长整数
			//将结果传送到存储字 MD20

RND-	将累加器 1 中的 32 位浮点数转换为小于或等于该浮点数的最大的长整数，结果保存在累加器 1 中	L　MD0
		RND-
		T　MD20
			//将 32 位浮点数装入累加器 1 中
			//取小于或等于该浮点数的最大的长整数
			//将结果传送到存储字 MD20

表 7-10　实数取整指令说明及示例（LAD 和 FBD）

LAD	FBD	说　明	示　例
ROUND	ROUND	将 32 位浮点数转换为最接近的长整数	

LAD	FBD	说　明	示　例
TRUNC EN ENO IN OUT	TRUNC EN OUT IN ENO	取 32 位浮点数的整数部分并转换为长整数	I0.1 TRUNC EN ENO MD0 IN OUT MD10　或　I0.1 TRUNC EN OUT MD10 MD0 IN ENO
CEIL EN ENO IN OUT	CEIL EN OUT IN ENO	将 32 位浮点数转换为大于或等于该数的最小的长整数	I0.1 CEIL EN ENO MD0 IN OUT MD10　或　I0.1 CEIL EN OUT MD10 MD0 IN ENO
FLOOR EN ENO IN OUT	FLOOR EN OUT IN ENO	将 32 位浮点数转换为小于或等于该书的最大的长整数	I0.1 FLOOR EN ENO MD0 IN OUT MD10　或　I0.1 FLOOR EN OUT MD10 MD0 IN ENO

4．累加器 1 调整指令

累加器调整指令可对累加器 1 的内容进行调整，累加器 1 调整指令说明及示例如表 7-11 所示。

表 7-11　累加器 1 调整指令说明及示例

指　令	说　明	示　例

CAW	交换累加器 1 低字中的字节顺序	L　MW0　//将 16 位数装入累加器 1 的低字中
		　　　　//假设 MW0 的内容为 W#16#X1X2
		CAW　　//交换累加器 1 低字中的字节顺序
		　　　　//转换结果为 W#16#X2X1
		T　MW20　//将结果传送到存储字 MW20

CAD	交换累加器 1 中的字节顺序	L　MD0　//将 16 位数装入累加器 1 中
		　　　　//假设 MW0 的内容为 DW#16#X1X2X3X4
		CAD　　//交换累加器 1 低字中的字节顺序
		　　　　//转换结果为 DW#16#X4X3X2X1
		T　MD20　//将结果传送到存储双字 MD20

7.2　算术运算指令

算术运算指令有两大类：基本算术运算指令和扩展算术运算指令。

7.2.1　基本算术运算指令

基本算术运算指令可完成整数、长整数或 32 位浮点数（实数）的加、减、乘、除、取余及取绝对值等运算，指令格式及说明如表 7-12～表 7-14 所示。

表 7-12　整数的基本算术运算指令格式及说明

STL	LAD	FBD	说　明
+I	ADD_I EN ENO IN1 OUT IN2	ADD_I EN IN1 OUT IN2 ENO	整数加（ADD_I） 累加器 2 的低字（或 IN1）加累加器 1 的低字（或 IN2），结果保存到累加器 1 的低字（或 OUT）中

STL	LAD	FBD	说　　明
-I	SUB_I EN　ENO IN1　OUT IN2	SUB_I EN IN1　OUT IN2　ENO	整数减（SUB_I） 累加器 2 的低字（或 IN1）减累加器 1 的低字（或 IN2），结果保存到累加器 1 的低字（或 OUT）中
*I	MUL_I EN　ENO IN1　OUT IN2	MUL_I EN IN1　OUT IN2　ENO	整数乘（MUL_I） 累加器 2 的低字（或 IN1）乘累加器 1 的低字（或 IN2），结果（32 位）保存到累加器 1（或 OUT）中
/I	DIV_I EN　ENO IN1　OUT IN2	DIV_I EN IN1　OUT IN2　ENO	整数除（DIV_I） 累加器 2 的低字（或 IN1）除累加器 1 的低字（或 IN2），结果保存到累加器 1 的低字（或 OUT）中
+　<16 位整常数>	—	—	加整数常数（16 位） 累加器 1 的低字加 16 位整数常数，结果保存到累加器 1 的低字中

表 7-13　长整数的基本算术运算指令格式及说明

STL	LAD	FBD	说　　明
+D	ADD_DI EN　ENO IN1　OUT IN2	ADD_DI EN IN1　OUT IN2　ENO	长整数加（ADD_DI） 累加器 2（或 IN1）加累加器 1（或 IN2），结果保存到累加器 1（或 OUT）中
-D	SUB_DI EN　ENO IN1　OUT IN2	SUB_DI EN IN1　OUT IN2　ENO	长整数减（SUB_DI） 累加器 2（或 IN1）减累加器 1（或 IN2），结果保存到累加器 1（或 OUT）中
*D	MUL_DI EN　ENO IN1　OUT IN2	MUL_DI EN IN1　OUT IN2　ENO	长整数乘（MUL_DI） 累加器 2（或 IN1）乘累加器 1（或 IN2），结果保存到累加器 1（或 OUT）中
/D	DIV_DI EN　ENO IN1　OUT IN2	DIV_DI EN IN1　OUT IN2　ENO	长整数除（DIV_DI） 累加器 2（或 IN1）除累加器 1（或 IN2），结果保存到累加器 1（或 OUT）中
+<32 位整数常数>	—	—	加整数常数（32 位） 累加器 1 的内容加 32 位整数常数，结果保存到累加器 1 中
MOD	MOD_DI EN　ENO IN1　OUT IN2	MOD_DI EN IN1　OUT IN2　ENO	长整数取余（MOD_DI） 累加器 2（或 IN1）除累加器 1（或 IN2），将余数保存到累加器 1（或 OUT）中

表 7-14　实数的基本算术运算指令格式及说明

STL	LAD	FBD	说　明
+R	ADD_R EN　ENO IN1　OUT IN2	ADD_R EN IN1　OUT IN2　ENO	实数加（ADD_R） 累加器 2（或 IN1）加累加器 1（或 IN2），结果保存到累加器 1（或 OUT）中
-R	SUB_R EN　ENO IN1　OUT IN2	SUB_R EN IN1　OUT IN2　ENO	实数减（SUB_R） 累加器 2（或 IN1）减累加器 1（或 IN2），结果保存到累加器 1（或 OUT）中
*R	MUL_R EN　ENO IN1　OUT IN2	MUL_R EN IN1　OUT IN2　ENO	实数乘（MUL_R） 累加器 2（或 IN1）乘累加器 1（或 IN2），结果保存到累加器 1（或 OUT）中
/R	DIV_R EN　ENO IN1　OUT IN2	DIV_R EN IN1　OUT IN2　ENO	实数除（DIV_R） 累加器 2（或 IN1）除累加器 1（或 IN2），结果保存到累加器 1（或 OUT）中
ABS	ABS EN　ENO IN　OUT	ABS EN　OUT IN　ENO	取绝对值（ABS） 对累加器 1（或 IN1）的 32 位浮点数取绝对值，结果保存到累加器 1（或 OUT）中

对于 STL 形式的基本算术运算指令，参与算术运算的第 1 操作数由累加器 2 提供，第 2 操作数由累加器 1 提供，运算结果保存在累加器 1 中，并影响状态字的 CC1、CC0、OV 和 OS 标志位。

对于 LAD 和 FBD 形式的基本算术运算指令，参与算术运算的第 1 操作数和第 2 操作数分别由参数 IN1 和 IN2（类型为 INT、DINT 或 REAL，操作数可以是 I、Q、M、L、D 及常数）提供，运算结果保存在由参数 OUT（类型为 INT、DINT 或 REAL，操作数可以是 I、Q、M、L、D）指定的存储区中，并影响状态字的 CC1、CC0、OV 和 OS 标志位。EN（类型为 BOOL）为使能输入信号，当 EN 信号状态为 "1" 时激活相应的算术运算操作，并将运算结果存入由 OUT 指定的存储区；ENO（类型为 BOOL）为使能输出，如果运算结果超出允许范围（对 INT 结果为 -32768～+32767；对 DINT 结果为 -2147483648～+2147483647；对 32 位 REAL 结果为 -1.175495e-38～+3.402824e+38），则使 ENO= "0"，否则 ENO= "1"。

【例 7-1】　16 位整数的算术运算指令应用。

```
L    IW10        //将输入字 IW10 装入累加器 1 的低字
L    MW12        //将累加器 1 低字中的内容装入到累加器 2 的低字
                 //将存储字 MW12 装入累加器 1 的低字
+I                //将累加器 2 低字和累加器 1 低字相加，结果保存到累加器 1 的低字中
+68               //将累加器 1 的低字中的内容加上常数 68，结果保存到累加器 1 的低字
T    DB1.DBW25   //将累加器低字中的内容（结果）传送到 DB1 的 DBW25 中
```

【例 7-2】　求输入双字 ID10 的内容与常数 32 相除的余数，结果保存到 MD20 中。

对应的 FBD 和 LAD 程序如图 7-2a 和图 7-2b 所示。当 I0.1 信号状态为 "1" 时，开始执行求余运算，并用 Q4.0 指示运算结果是否有效（0—有效，1—无效）。

图 7-2 求余运算举例

a) FBD 程序 b) LAD 程序

7.2.2 扩展算术运算指令

扩展算术运算指令可完成 32 位浮点数的平方、平方根、自然对数、基于 e 的指数运算及三角函数等运算，扩展算术运算指令格式及说明如表 7-15 所示。

表 7-15 扩展算术运算指令格式及说明

STL 指令	LAD 指令	FBD 指令	说　明	示　例	
SQR	SQR	SQR	浮点数 平方 （SQR）		

SQRT	SQRT	SQRT	浮点数
			平方根
			（SQRT）
				OPN　DB17
				L　　DBD0
				SQR
				AN　OV
				JC　　OK
				BEU
				T　　DBD4
					//打开数据块 DB17
					//装入浮点数到累加器 1
					//求平方，结果送累加器 1
					//扫描 OV 是否为 0
					//若运算没错误则转到 OK
					//若运算有错误则无条件结束
					//保存结果

EXP	EXP	EXP	浮点数 指数运算 （EXP）		
LN	LN	LN	浮点数 自然对数运算 （LN）		
SIN	SIN	SIN	浮点数 正弦运算 （SIN）		

COS	COS	COS	浮点数
			余弦运算
			（COS）
				L　　MD0
				COS
				T　　MD4
					//装入浮点数到累加器 1
					//求余弦，结果送累加器 1
					//保存结果

TAN	TAN	TAN	浮点数 正切运算 （TAN）		

ASIN	ASIN	ASIN	浮点数
			反正弦运算
			（ASIN）
				L　　MD10
				ATAN
				AN　OV
				JC　　OK
				BEU
				T　　MD20
					//装入浮点数到累加器 1
					//反正切运算，结果送累加器 1
					//扫描 OV 是否为 0
					//若运算没错误则转到 OK
					//若运算有错误则无条件结束
					//保存结果

ACOS	ACOS	ACOS	浮点数 反余弦运算 （ACOS）		
ATAN	ATAN	ATAN	浮点数 反正切运算 （ATAN）		

对于 STL 形式的扩展算术运算指令，可对累加器 1 中的 32 位浮点数进行运算，结果保存在累加器 1 中，指令执行后将影响状态字的 CC1、CC0、OV 和 OS 状态位。

对于 LAD 和 FBD 形式的扩展运算指令，由参数 IN 提供 32 位浮点数，当 EN 的信号状态为"1"时，激活运算；ENO 为使能输出，如果指令未执行或运算结果在允许范围之外，则 ENO= "0"，否则 ENO= "1"。EN 和 ENO 使用的操作数可以是 I、Q、M、L、D。

7.3 字逻辑运算指令

字逻辑运算指令可对两个 16 位（WORD）或 32 位（DWORD）的二进制数据逐位进行逻辑与、逻辑或、逻辑异或运算，字逻辑运算指令格式及说明、双字逻辑运算指令格式及说明分别如表 7-16 及表 7-17 所列。

表 7-16   字逻辑运算指令格式及说明

STL	LAD	FBD	说　明	示　例
AW	WAND_W EN ENO IN1 OUT IN2	WAND_W EN IN1 OUT IN2 ENO	字"与"（WAND_W）	
OW	WOR_W EN ENO IN1 OUT IN2	WOR_W EN IN1 OUT IN2 ENO	字"或"（WOR_W）	Network 1：字逻辑与运算
XOW	WXOR_W EN ENO IN1 OUT IN2	WXOR_W EN IN1 OUT IN2 ENO	字"异或"（WXOR_W）	

表 7-17   双字逻辑运算指令格式及说明

STL	LAD	FBD	说　明	示　例
AD	WAND_DW EN ENO IN1 OUT IN2	WAND_DW EN IN1 OUT IN2 ENO	双字"与"（WAND_DW）	示例1: L ID10 //装入浮点数到累加器 1 XOD DW#12345678 //双字异或 T MD0 //将运算结果传送到 MD0
OD	WOR_DW EN ENO IN1 OUT IN2	WOR_DW EN IN1 OUT IN2 ENO	双字"或"（WOR_DW）	示例2: L ID0 //装入浮点数到累加器 1 L ID4 //累加器 1→累加器 2 //ID4→累加器 1
XOD	WXOR_DW EN ENO IN1 OUT IN2	WXOR_DW EN IN1 OUT IN2 ENO	双字"异或"（WXOR_DW）	XOD //双字异或 T QD0 //将运算结果传送到 QD0

对于 STL 形式的字逻辑运算指令，可对累加器 1 和累加器 2 中的字或双字数据进行逻辑运算，结果保存在累加器 1 中。若结果不为 0，则对状态标志位 CC1 置"1"，否则对 CC1 置"0"。

对于 LAD 和 FBD 形式的字逻辑运算指令，由参数 IN1 和 IN2 提供参与运算的两个数据（类型为 WORD 或 DWORD），运算结果保存在由 OUT 指定的存储区（类型为 WORD 或 DWORD）中。若结果不为 0，则对状态标志位 CC1 置"1"，否则对 CC1 置"0"。EN（类型为 BOOL）为使能输入信号，ENO（类型为 BOOL）为使能输出，ENO 和 EN 具有相同的状态，操作数可以是 I、Q、M、L、D。当 EN 的信号状态为"1"时，激活字逻辑运算。

7.4 技能训练 1 功能指令的应用

7.4.1 转换指令的应用

【例 7-3】 将 101in（英寸）转换为以 cm（厘米）为单位的整数，保存在 MW0 中。

STL 语句表程序为：

```
L   101    // 将 16 位常数 101（65H）装入累加器 1
ITD        // 转换为 32 位双整数
DTR        // 转换为浮点数 101.0
L   2.54   // 浮点数常数 2.54 装入累加器 1，累加器 1 的内容装入累加器 2
*R         // 101.1 乘以 2.54，转换为 256.54cm
RND        // 四舍五入转换为 257（101H）
```

【例 7-4】 用语句表将双整数转换为 BCD 码。

STL 语句表程序为：

```
      A    I0.2    // 如果 I0.2 为 1
      L    MD10    // 将 MD10 中的双整数数据装入累加器 1
      DTB          // 将累加器 1 数据转换为 BCD 码，结果仍在累加器 1 中
      JO   OVER    // 如果运算结果超出允许范围（OV=1）则跳转到标号 OVER 处
      T    MD20    // 将转换结果传送到 MD20
      A    M4.0
      R    M4.0    // 复位溢出标志
      JU   NEXT    // 无条件跳转到标号 NEXT 处
OVER: AN   M4.0    // 置位溢出标志
      S    M4.0 //
NEXT: …
```

7.4.2 求补指令的应用

【例 7-5】 将 MD20 中的双整数求补后传送到 MD30 中。

STL 语句表程序为：

```
L   MD20   // 将 32 位双整数装入累加器 1
```

```
NEGD        // 求补
T   MD30    // 运算结果传送到 MD30
```

7.4.3 运算指令的应用

【例 7-6】 用语句表实现整数除法运算。

设 IW10 的值为 13，MW14 的值为 4，13 除以 4，指令执行后的商存放在累加器 1 的低字中，余数存放在累加器 1 的高字中。

STL 语句表程序为：

```
L   IW10        // 将 IW10 的内容装入累加器 1 的低字
L   MW14        // 累加器 1 的内容装入累加器 2，MW14 的值装入累加器 1 的低字
/I              // 累加器 2 低字的值除以累加器 1 低字的值，结果存放在累加器 1 的低字
T   DB1.DBW2    // 累加器 1 低字中的运算结果传送到 DB1DBW2 中
```

【例 7-7】 用语句表实现字运算 MW2+MW4−6，结果保存在 MW10 中。

STL 语句表程序为：

```
L   MW2         // 将 MW2 的内容装入累加器 1 中
L   MW4         // 累加器 1 的内容装入累加器 2 中，再将 MW4 的内容装入累加器 1 中
+I              // 相加
+   L#- −6      // 减常数 6
T   MW10        // 结果存入 MW10H 中
```

【例 7-8】 用梯形图和指令表实现运算 $(10000 \times MD6)/27666$，结果存入 MD10 中。

双整数运算梯形图和指令表如图 7-3 所示。

图 7-3 双整数运算梯形图和指令表

【例 7-9】 用浮点数对数指令和指数指令求 5 的立方，结果存入 MW40 中，计算公式为

$$5^3 = \exp(3\ln 5) = 125$$
```
```

STL 语句表程序为：

```
L   L#5        // 装入 32 位双整数常数 5 于累加器 1 中
DTR            // 转换为浮点数
LN             // 取对数
L   3.0        // 装入浮点数常数
 *R            // 与 3.0 进行浮点数相乘
EXP            // 取指数
RND            // 将浮点数四舍五入转换为整数
T   MW40       // 存于 MW40 中
```

【例 7-10】 实现字逻辑或运算，该操作将 QW10 中的低 4 位置 1，其余各位保持不变。

STL 语句表程序为：

```
L   QW10           // QW10 的内容装入累加器 1 的低字
L   W#16#000F      // 累加器 1 的内容装入累加器 2，常数 W#16#000F 装入累加器 1
OW                 // 累加器 1 低字中的内容与 W#16#000F 逐位相或，结果在累加器 1 低字中
T   QW10           // 累加器 1 低字中的运算结果传送到 QW10 中
```

7.4.4 移位指令的应用

【例 7-11】 用梯形图将 MD10 中的内容左移 4 位，结果存入 MD20 中，双字左移指令的梯形图和指令表如图 7-4 所示。

图 7-4 双字左移指令的梯形图和指令表

7.4.5 循环指令的应用

【例 7-12】 用循环指令求 5 的阶乘。

STL 语句表程序为：

```
    L   L#1        // 32 位整数常数装入累加器 1，置阶乘的初值
    T   MD20       // 累加器 1 的内容传送到 MD20，保持阶乘的初值
    L   5          // 循环次数装入累加器的低字
BACK: T  MW10      // 累加器 1 低字中的内容保存到循环计数器 MW10
    L   MD20       // 取阶乘值
    *D             // MD20 的内容与 MD10 的内容相乘
```

T MD20	// 乘积送 MD20 中
LMW10	// 循环计数器内容装入累加器 1
LOOP BACK	// 累加器 1 低字中的内容减 1，减 1 后大于 0，跳转到标号 BACK 处
...	// 循环结束后，回复线性扫描

7.5 技能训练 2 节日彩灯的控制

7.5.1 控制要求

用功能指令设计节日彩灯的控制程序，要求如下：当按下起动按钮 SB1 时，16 个彩灯以 1s 的速度自左向右亮起，到达最右侧后，再自右向左返回左侧。如此循环，当按下停止按钮 SB2 时停止。

7.5.2 任务分析

起动按钮 SB1 和停止按钮 SB2 作为输入信号，分别接 I0.0、I0.1，16 个彩灯 H1～H16 对应输出信号为 Q0.0～Q1.7。用 CPU 的时钟存储器设置 M100.5 输出 1s 脉冲作为移位触发信号，并加入上升沿检测指令，保证每 1 个脉冲信号只移位 1 次。

为了实现彩灯的左右移动，首先建立左右移动的定时振荡电路，振荡周期为左右移动的时间，用两个定时器 T0 和 T1 实现。

在程序开始时，必须给移位存储器设置初值，保证开始时只有最低（或最高）位的彩灯亮。

7.5.3 任务实施

1. PLC 硬件配置及接线

彩灯控制系统有两个输入信号，16 个输出信号，PLC 系统可选择以下配置。

1）CPU 315 模块 1 只，订货号为 6ES7 315-1AF03-0AB0。

2）PS 307（5A）电源模块 1 只，订货号为 6ES7 307-1EA00-0AA0。

3）SM323 DI16/ DO16×DC24V/0.5A 数字量输入/输出模块 1 只，订货号为 6ES7 323-1BL00-0AA0。

4）直流 24V/10A 的电源 1 只。

2. 硬件组态

打开 SIMATIC Manager 新建一个项目并命名为"节日彩灯"，然后在该项目内插入一个 S7-300 PLC 的工作站。用鼠标双击硬件组态（Hardware）图标，进入硬件组态窗口，然后参照图 7-5 进行 PLC 硬件组态。

S...	Module	Order number	Firmware	MPI address	I address	Q address	Comment
1	PS 307 5A	6ES7 307-1EA00-0AA0					
2	CPU 315	6ES7 315-1AF03-0AB0	V1.2	2			
3							
4	DI16/DO16x24V/0.5A	6ES7 323-1BL00-0AA0			0...1	0...1	
5							

图 7-5 PLC 硬件组态

3. 编辑全局符号表

在 SIMATIC Manager 的左视窗内展开"SIMATIC 300（1）"目录及"CPU 315"子目录，单击"S7 Program（1）"程序文件夹图标，在右视窗中用鼠标双击"Symbols"图标打开符号编辑器，参照图 7-6 编辑符号表。

	Statu	Symbol	Address		Data typ	Comment
1		COMPLETE RESTART	OB	100	OB 100	初始程序
2		SB1	I	0.0	BOOL	启动按钮
3		SB2	I	0.1	BOOL	停止按钮
4		H1	Q	0.0	BOOL	彩灯1
5		H2	Q	0.1	BOOL	彩灯2
6		H3	Q	0.2	BOOL	彩灯3
7		H4	Q	0.3	BOOL	彩灯4
8		H5	Q	0.4	BOOL	彩灯5
9		H6	Q	0.5	BOOL	彩灯6
10		H7	Q	0.6	BOOL	彩灯7
11		H8	Q	0.7	BOOL	彩灯8
12		H9	Q	1.0	BOOL	彩灯9
13		H10	Q	1.1	BOOL	彩灯10
14		H11	Q	1.2	BOOL	彩灯11
15		H12	Q	1.3	BOOL	彩灯12
16		H13	Q	1.4	BOOL	彩灯13
17		H14	Q	1.5	BOOL	彩灯14
18		H15	Q	1.6	BOOL	彩灯15
19		H16	Q	1.7	BOOL	彩灯16
20		T0	T	0	TIMER	左移定时器
21		T1	T	1	TIMER	右移定时器
22						

图 7-6　编辑符号表

4. 控制程序设计

（1）子程序 FC1 的设计

程序中 Network1 为起动停止程序。Network2 和 Network3 组成左右移动振荡电路，Network2 控制右移定时时间，Network3 控制左移定时时间，两个定时器交替工作控制左右移的时间。Network4 为右移控制，其中 M100.5 作为移位信号发出 1s 时钟脉冲，T0 控制右移时间，用上升沿检测指令保证每个脉冲只能移位一次，MW2 为移位存储器。Network5 为左移控制，其中 T1 控制左移时间。注意：定时器初值的设定不能按照 16 个灯的移动时间 16s 设置。不论左移还是右移，第一个灯已经亮，不占用移位时间。另外在返回过程中又少 0.5s 时间。所以，两个定时器的初值为 14.5s。Network6 把移位的结果传送到输出，FC1 子程序如图 7-7 所示。

图 7-7　FC1 子程序

Network 3: 左移时间

```
      T0          M0.0                      T1
──────┤ ├────────┤ ├─────────────────────( SD )───┤ ├
                                       S5T#14S500
                                            MS
```

Network 4: 右移程序

```
    M100.5       M0.0          T0        M0.2      ┌─────────┐
──────┤ ├────────┤ ├──────────┤/├───────( P )─────┤  SHR_W  │
                                              ──── EN    ENO ├───
                                                  │          │
                                           MW2 ───┤ IN   OUT ├── MW2
                                                  │          │
                                         W#16#1 ──┤ N        │
                                                  └─────────┘
```

Network 5: 左移程序

```
    M100.5       M0.0          T0        M0.3      ┌─────────┐
──────┤ ├────────┤ ├──────────┤ ├───────( P )─────┤  SHL_W  │
                                              ──── EN    ENO ├───
                                                  │          │
                                           MW2 ───┤ IN   OUT ├── MW2
                                                  │          │
                                         W#16#1 ──┤ N        │
                                                  └─────────┘
```

Network 6: 传送移位结果至输出

```
    M0.0      ┌─────────┐
──────┤ ├─────┤  MOVE   │
              ┤ EN   ENO ├───
              │          │
       MW2 ───┤ IN   OUT ├── QW0
              └─────────┘
```

图 7-7 FC1 子程序（续）

（2）初始化程序 OB100 的设计

程序开始时先进行右移，应该保证最高位为 1，即 M10.7 为 1，在初始化程序中送入数据 W#16#8000，如图 7-8 所示。

（3）主程序 OB1 设计

在 OB1 中要调用子程序 FC1，如图 7-9 所示。

OB1 ： "Main Program Sweep (Cycle)"

Network 1: 调用FC1

OB100 ： "Complete Restart"

Network 1: 装入初值

图 7-8 初始化程序   图 7-9 在 OB1 中调用子程序 FC1

7.5.4 方案调试

1. 启动仿真工具（PLCSIM）并下载用户程序

在 SIMATIC Manager 窗口内单击仿真工具图标 🎛 启动仿真工具 PLCSIM，并选择当前项目所用 CPU 作为调试对象，然后下载硬件组态信息及程序块 OB1、OB100、FC1。仿真运行时用 IB0 显示输入信息，QB0 和 QB1 显示输出信息，MB2 和 MB3 显示移位存储器信息，T0 和 T1 显示两个定时器的当前值，仿真运行结果如图 7-10 所示。

图 7-10　仿真运行结果

2. 编辑调试变量表

在 SIMATIC Manager 窗口内单击 Blocks 文件夹，在右视窗内单击鼠标右键，执行快捷菜单命令"Insert New Object"→"Variable Table"插入一个调试变量表，然后用鼠标双击变量表并按图 7-11 输入调试变量并保存，利用变量表进行调试。

图 7-11　调试变量

7.6 习题

1. 编写程序完成下面的计算。

$$\frac{30 \times 30 - 1}{50 - 1}$$

2. 将两个数分别装在 MW10 和 MW20 中，试编写程序实现大数减小数的功能，结果存入 MW0 中。

3. 编写求 8 的立方的程序。

4. 编写求 10 的阶乘的程序。

5. 已知圆的半径为 1000，圆周率为 3.141592，编写程序计算圆的周长。

6. 设计一个自动售货机的控制程序，要求如下。

1）此售货机可以投入 1 元、5 元和 10 元硬币。

2）当投入硬币的总数值超过 12 元时，汽水按钮指示灯亮；当投入硬币的总数值超过 15 元时，汽水和咖啡按钮指示灯都亮。

3）当汽水按钮指示灯亮时，按汽水按钮，则汽水排出 7s 后自动停止，这段时间内汽水指示灯闪烁。

4）当咖啡按钮指示灯亮时，按咖啡按钮，则咖啡排出 7s 后自动停止，这段时间内咖啡指示灯闪烁。

5）若投入硬币的总数值超过按钮所需要的钱数（汽水 12 元，咖啡 15 元）时，找钱指示灯亮，表示找钱动作，并退出多余的钱。

7. 设计一个自动控制小车运行方向的程序。小车运行示意图如图 7-12 所示，工作要求如下。

1）当小车所停位置 SQ 的编号大于呼叫位置编号 SB 时，小车向左运行至等于呼叫位置时停止。

2）当小车所停位置 SQ 的编号小于呼叫位置编号 SB 时，小车向右运行至等于呼叫位置时停止。

3）当小车位置 SQ 的编号与呼叫位置编号相同时，小车不动作。

图 7-12 小车运行示意图

第8章　模拟量的控制

8.1　模拟量的处理

在生产过程中存在着大量物理量（如温度、压力、流量、液位、速度、pH 值和粘度等）。为了实现对这些物理量的控制，需先经测量传感器将物理量变换为电量（如电压、电流、电阻和电荷等），再经测量变送器将测量结果（电量）转换成标准的模拟量电信号（如 ±500mV、±10V、±20mA、4～20mA 等），然后再送入模拟量输入模块（AI）进行 A/D 转换，转换成 CPU 能接受的二进制电平信号并送入 CPU 进行存储和数据处理。经 PLC 运算程序加工处理后，二进制电平信号再送入模拟量输出模块（AO）进行 D/A 转换，将二进制电平信号转换为模拟量电信号，然后用模拟量电信号驱动相应的执行器（如加热器、电磁调节阀等），最终实现对物理量的调节与控制。

8.1.1　模拟量输入通道的量程调节

每个模拟量输入模块（AI）都有 2～8 个模拟量输入通道，在使用之前必须对所使用的模拟量输入模块进行相关设置：通过模拟量输入模块内部的跳线，同一个模拟量输入模块每个通道组间可以连接不同类型的传感器；通过使用 STEP 7 软件或量程卡可以设置模拟量模块的测量方法和测量范围。

配有量程卡的模拟量输入模块在安装模拟量输入模块之前，应先检查量程卡的测量方法和量程，并根据需要进行调整。模拟量输入模块的标签上提供了各种测量方法及量程的设置方法，量程卡可设置为 "A" "B" "C" "D" 4 个位置，其中：

- "A" 为热电阻、热电偶测量，测量值通常为毫伏信号，测量范围为 –1000～1000mV。
- "B" 为电压测量，测量范围为 –10～10V。
- "C" 为四线制变送器测量，传感器电源线与信号线分开，测量范围为 4～20mA。
- "D" 为二线制变送器测量，传感器电源线与信号线共用，传感器的电源通过模拟量输入模块供给，测量范围为 4～20mA。

量程卡的调节方法如下。

1）用螺钉旋具将量程卡从模拟量输入模块中卸下来，如图 8-1 所示。

2）对量程卡进行正确设置，然后选择测量范围并按标记方向将量程卡插入模拟量输入模块中，如图 8-2 所示。

对于一些模块，几个通道组合在一起构成一个通道组共用一套 A/D 转换电路，此时量程卡的设置是针对整个通道组的设置。

在 STEP 7 中，对模拟量模块进行参数化设置时，所选测量传感器类型必须与模块上量程卡设定的类型相匹配。否则，模块上的 SF 指示灯将指示模块故障。

图 8-1 将量程卡从模拟量输入模块中卸下

图 8-2 将量程卡插入模拟量输入模块

8.1.2 模拟量信号模块的接线

1. 模拟量输入模块的接线

在使用模拟量输入模块时，根据测量方法的不同，可以将电压、电流传感器或电阻器等不同类型的传感器连接到模拟量输入模块。为了减少电子干扰，对于模拟信号应使用屏蔽双绞电缆。模拟信号电缆的屏蔽层应该两端接地。如果电缆两端存在电位差，将会在屏蔽层中产生等电势耦合电流，造成对模拟信号的干扰，在这种情况下，应该让电缆的屏蔽层一点接地。

模拟量输入 SM331 AI8×13 位（6ES7 331-1KF01-OABO）模块的端子接线如图 8-3 所

图 8-3 SM331 AI8×13 位模块的端子接线图和框图

示，模块共有 8 个模拟量通道，每个通道有 5 个端子，图中所涉及端子的意义如下所述。

- U+：电压输入端（正）。
- I+：电流输入端（正）。
- S-：检测端子（负）。
- M+：测量导线（正）。
- M-：测量导线（负）。

2．模拟量输出模块的接线

模拟量输出模块可用于驱动负载或执行器，其输出有电流和电压两种形式。对于电压型模拟量输出模块，与负载的连接可以采用 2 线制或 4 线制电路；对于电流型模拟量输出模块，与负载的连接只能采用 2 线制电路。

模拟量输出模块 SM332:AO4×12 位（6ES7 332-5HD01-OABO）的端子接线图和框图如图 8-4 所示，共有 4 个模拟量输出通道，分别可以电压输出和电流输出等，图中所涉及端子的意义如下所述。

图 8-4　模拟量输出模块的端子接线图和框图

- L+：24 V DC 电源端子。
- M：接地端子。
- S+：检测端子（正）。
- S-：检测端子（负）。
- Q_V：电压输出端。

150

- Q$_I$：电流输出端。
- M$_{ANA}$：模拟测量电路的参考电压。

3．模拟量输入/输出模块的接线

模拟量输入/输出模块 SM334:AI4/AO2×8/8 位（6ES7 334-OCE01-OAAO）的端子接线如图 8-5 所示，共有 4 个模拟量输入通道，两个模拟量输出通道，每个通道有 3 个端子，分别是电压、电流和公共端子。

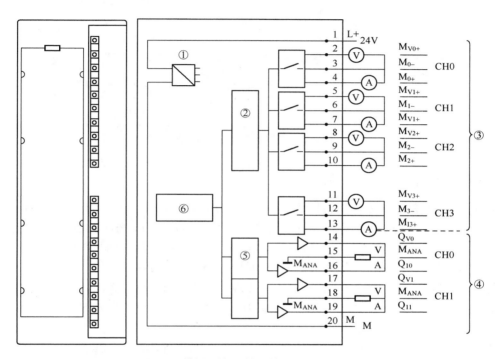

图 8-5　模拟量输入/输出模块的端子接线图

图中①为内部供电电源；②为 A-D 转换；③为电压/电流输入端子；④为电压/电流输出；⑤为 D-A 转换；⑥为背板总线接口。

8.1.3　模拟量模块的系统默认地址

对于模拟量模块，从 0 号机架的 4 号槽位开始，每个槽位占用 16B（等于 8 个模拟量通道），每个模拟量输入通道或输出通道占用一个字地址。为了避免与开关量的地址发生冲突，模拟量的默认首地址从 256 开始，如图 8-6 所示。

由于模拟量没有对应的输入/输出过程映像区，要直接访问外设，所以模拟量地址前面需要加外设的英文字头 P。实际使用中要根据具体的模块确定实际的地址范围。例如，在 0 号机架上的 5 号槽位安装一个 4 通道的模拟量输入模块，则该模块的地址范围为 PIW272、PIW274、PIW276 和 PIW278；如果在 0 号机架上的 5 号槽位安装一个两通道的模拟量输入模块，则该模块的地址范围为 PIW272、PIW274。

图 8-6 模拟量信号的默认地址

8.1.4 模拟量转换值的分辨率

模拟量转换值的分辨率是指模拟量与数字量之间的转换精度，A-D 或 D-A 转换，对应的数字量转换值以二进制形式表现，可以简单理解为 2 的几次方，8bit、12bit 等对应的就是二进制的位数，二进制位数越高，分辨率也就越大，转换精度越高。假设分辨率是 n，那么 2 的 n 次方就对应了模拟量的量程，分辨率就是将整个量程分成多少份。

假设一个模拟模块的输入电压范围是 0～10V，而该模块的分辨率为 10 位，2 的 10 次方=1024，则该模块所能识别的最小电压等级为：10/1 024V=0.009 765 625V，即电压每增加 0.009 765 625V，数字量增加 1。

S7 系统中一个模拟量的转换值用一个 16 位二进制数的补码表示，其中的第 15 位为符号位，"0" 表示正数，"1" 表示负数；第 14～0 位为数值部分。如果模拟量模块的分辨率小于 15 位，则模拟量写入累加器时向左对齐，未用位填 "0"，模拟量的表达方式及测量值的分辨率如表 8-1 所示，其中的 "*" 为 "0" 或 "1"。

表 8-1 模拟量的表达方式及测量值的分辨率

分辨率（位）	单位		15	14	13	12	11	10	9	8	7	6	5	4	3	2	1	0
	十进制	16进制	符号	2^{14}	2^{13}	2^{12}	2^{11}	2^{10}	2^9	2^8	2^7	2^6	2^5	2^4	2^3	2^2	2^1	2^0
8	128	80	*	*	*	*	*	*	*	*	1	0	0	0	0	0	0	0
9	64	40	*	*	*	*	*	*	*	*	*	1	0	0	0	0	0	0
10	32	20	*	*	*	*	*	*	*	*	*	*	1	0	0	0	0	0
11	16	10	*	*	*	*	*	*	*	*	*	*	*	1	0	0	0	0
12	8	8	*	*	*	*	*	*	*	*	*	*	*	*	1	0	0	0
13	4	4	*	*	*	*	*	*	*	*	*	*	*	*	*	1	0	0
14	2	2	*	*	*	*	*	*	*	*	*	*	*	*	*	*	1	0
15	1	1	*	*	*	*	*	*	*	*	*	*	*	*	*	*	*	1

8.1.5 模拟量的数据表达方式

模拟量模块可测量的模拟量信号有以下几种。

- 对称的电压/电流，如±80mV、±250mV、±500mV、±1V、±2.5V、±5V、±10V、±3.2mA、±10mA、±20mA，转换结果的额定范围为–32768～+32767。
- 不对称的电压/电流，如 0～2V、1～5V、0～10V、0～20mA、4～20mA，转换结果的额定范围为 0～+32767。
- 电阻，如 0～150Ω、0～300 Ω、0～600 Ω，转换结果的额定范围为 0～32767。
- 温度，如 Pt100（–200～850℃，转换结果的额定范围为 2000～8500）、Ni100（60～250℃，转换结果的额定范围为 600～2500）、K 型热电偶（–270～1372℃，转换结果的额定范围为 2700～13720）、N 型热电偶（–270～1300℃，转换结果的额定范围为 2700～13000）、J 型热电偶（–210～1200℃，转换结果的额定范围为 2100～12000）、E 型热电偶（–270～1000℃，转换结果的额定范围为 2700～10000）。

16 位二进制补码表示的数据范围为–32768～+32767，为了使传感器的输入测量值留有余量，S7-300 PLC 模拟量测量范围对应的转换值是±27648，当传感器的输入测量值超出测量范围时，模拟量模块仍然可以转换，以满足工程的需求。

以电压（±10V）、电流（4～20mA）、电阻（0～300 Ω）及 Pt00（–200～850℃）为例，不同测量范围下模拟量转换数据的表达方式如表 8-2 所示。

表 8-2 不同测量范围下模拟量转换数据的表达方式

范围	电压（示例）		电流（示例）		电阻（示例）		温度（示例）	
	测量范围 ±10V	转换值	测量范围 4～20mA	转换值	测量范围 0～300Ω	转换值	测量范围 –200～850℃	转换值
超上限	≥11.759	32767	≥22.815	32767	≥352.778	32767	≥1000.1	32767
超上界	11.7589 ··· 10.0004	32511 ··· 27649	22.810 ··· 20.0005	32511 ··· 27649	352.767 ··· 300.011	32511 ··· 27649	1000.0 ··· 850.1	10000 ··· 8501
额定范围	10.00 7.50 ··· –7.50 –10.00	27648 20736 ··· –20736 –27648	20.000 16.000 ··· 4.000	27648 20736 ··· 0	300.000 225.000 ··· 0.000	27648 20736 ··· 0	850.0 ··· –200.0	8500 ··· –2000
超下界	–10.0004 ··· –11.759	–27649 ··· –32512	3.9995 ··· 1.1852	–1 ··· –4864	不允许负值	–1 ··· –4864	–200.1 ··· –243.0	–2001 ··· –2430
超下限	≤11.76	–32768	≤1.1845	–32768		–32768	≤–243.1	–32768

8.1.6 模拟量的规范化读入

模拟量输入模块的输入信号都与实际的物理量相对应，例如，用一个液位传感器来测量罐的液位，测量范围为 0～500L，对应的输出电压为 0～10V。假设将该模拟量信号接入模拟量输入模块，对应 0～10V 的电压信号，其转换值为 0～27648，该数值应该进一步转换为实际物理量值（如 0～500L），这个过程称为"规范化"。简单地说就是当程序接收到模拟量输入通道的值为 13824 时，希望知道对应的实际数位值是多少？

在 STEP7 中，可以用 FC105 "SCALE"（标量值）块来读取模拟值，使用 FC105 可以将从模拟量输入模块所接收的一个整型值转换为以工程单位表示的介于下限（LO_LIM）和上限（HI_LIM）之间的实型值。FC105 模块位于标准库（Standard Library）中"TI-S7 Converting Block s"子文件夹里面，如图 8-7 所示。FC105 的应用示例如图 8-8 所示，各端子的意义如下所述。

图 8-7 FC105 模块的位置

- EN：使能输入端，信号状态为"1"时激活该功能。
- ENO：使能输出端，如果该功能的执行无错误，该使能输出为"1"。
- IN：需要转换为以工程单位表示的实型值的输入值（整数类型），可直接从模拟量输入模块接收数据，如 PIW288。
- LO_LIM：以工程单位表示的实型值的下限值。
- HI_LIM：以工程单位表示的实型值的上限值。
- OUT：规范化后的值（物理量），实数类型。
- BIPOLAR：信号状态为"1"表示输入值为双极性，信号状态"0"表示输入值为单极性。
- RET_VAL：如果该指令的执行没有错误，则返回值为 0。

```
       I0.0              FC105
       ─┤├──   EN              ENO
      PIW288 ─ IN          RET_VAL ─ MW102

    5.000000e+               OUT ─ MD104
       002 ─ HI_LIM

    0.000000e+
       000 ─ LO_LIM
       M0.0
       ─┤├──   BIPOLAR
```

图 8-8 FC105 应用示例

示例说明，如果 I0.0 为"1"且 M0.0 为"0"，则可将地址为 288 的模拟量输入通道值（0～27648）转换为介于 0.0 和 500.0 之间的实型值，并写入 MD104。

FC105 的功能可用下式表示。

$$OUT = \frac{(IN - K1)(HI\_LIM - LO\_LIM)}{K2 - K1} + LO\_LIM$$

常数 K1 和 K2 根据输入值是双极性还是单极性来设置。假定输入整型值范围是 –27648～27648，则 K1= –27648.0，K2=+27648.0；假定输入整型值范围是 0～27648，则 K1=0.0，K2=+27648.0。

如果输入整型值大于 K2，输出（OUT）将钳位于 HI_LIM，并返回一个出现错误的信息。如果输入整型值小于 K1，输出将钳位于 LO_LIM，并返回一个出现错误的信息。ENO

的信号状态将设置为 0，RET_VAL 等于 W#16#0008。

8.1.7 模拟量的规范化输出

在 STEP 7 的标准库中有一个可用于模拟量输出规范化的功能 FC106（符号名为"UNSCALE"），其功能是接收一个以工程单位表示、且介于下限（LO_LIM）和上限（HI_LIM）之间的实型输入值，并将其转换为一个整型值。FC106 模块也位于标准库"TI-S7 Convertiog Block s"的文件夹里面。FC106 的应用示例如图 8-9 所示，各端子的意义如下所述。

- EN：使能输入端，信号状态为"1"时激活该功能。
- ENO：使能输出端，如果该功能的执行无错误，则使能输出为"1"。
- IN：需要转换为整型值的输入值。
- HI_LIM：以工程单位表示的实型数值的上限。
- LO_LIM：以工程单位表示的实型数值的下限。
- BIPOLAR：信号状态"1"表示输入值为双极，信号状态"0"表示输入值为单极。
- OUT：转换结果，整数类型。
- RET_VAL：如果该指令的执行没有错误，将返回值0。

示例说明，如果 I0.0 为"1"，则将用户程序所计算的模拟量在量程范围内的百分比（在 MD104 中），转换为 0～27648 之间以二进制表示的 16 位整数，并通过模拟量输出模块输出与其对应的实际物理量。

图 8-9   FC106 的应用示例

FC106 的功能可用下式表示。

$$OUT = \frac{(IN - LO\_LIM)(K2 - K1)}{HI\_LIM - LO\_LIM} + K1$$

常数 K1 和 K2 根据输入值是双极性还是单极性来设置。假定输出整型值范围是 -27648～27648，则 K1= -27648.0，K2=+27648.0；假定输出整型值范围是 0～27648，则 K1=0.0，K2=+27648.0。

如果输入值超出 LO_LIM 和 HI_LIM 范围，输出（OUT）将钳位于距下限或上限较近的一方，并返回一个出现错误的信息。

8.2　技能训练　搅拌器的控制

工业的发展对混合液体的配比准确度提出了更高的要求，其质量取决于设计、制造和检测各个环节，而液位的高低是影响液体质量的关键因素。下面将介绍一种由 PLC 控制的搅拌控制系统，该系统能够检测出液位的高低，对液体的混合生产具有重要意义。

8.2.1　控制要求

图 8-10 为一液体搅拌控制系统，液料罐的最大容器为 100 升，由一个模拟量液位传感器（输出为 0～10V）来检测液位的高低，并进行液位显示。现要求对 A、B 两种液体原料按比例混合。请编写控制程序，控制要求如下。

图 8-10　液体搅拌控制系统

按起动按钮后系统自动运行。首先打开进料泵 1，开始加入液料 A→当液位达到 30% 后，则关闭进料泵 1，打开进料泵 2，开始加入液料 B→当液位达到 80% 后，则关闭进料泵 2，起动搅拌器→搅拌 10s 后，关闭搅拌器，起动放料泵→当液料放空后，延时 5s 关闭放料泵。按停止按钮，系统应立即停止运行。

8.2.2　任务分析

由于液位传感器产生的信号为 0～10V 的模拟量电压信号，所以需要通过模拟量输入模块将液位信号送入 PLC 进行比较处理。可以将模拟量输入模块转换后的数字 0～27648 用整数规范化功能子程序（FC105）进一步转换为 0～100 的实型数字。

根据控制要求，进料时系统设置进料高（H1）、中（I1）、低（J1）液位标志。

1）如果液位值<30%，则打开进料泵 1，开始加入液料 A，并显示低液位 J。

2）如果 30%≤液位值<80%，则关闭进料泵 1，打开进料泵 2，开始加入液料 B，并显示中液位 I。

3）如果液位值≥80%，则关闭进料泵 2，起动搅拌器，并显示高液位 H。

根据控制要求，放料时系统设置放料高（H1）、中（I1）、低（J1）液位标志。

1）如果 30%<液位值≤100%，则放料，并显示高液位 H。

2）如果 0<液位值≤30%，则放料，并显示中液位 I。

3）如果液位值=0，则放料，并显示低液位 J。

液位的高（H）、中（I）、低（J）档在进料和放料时标准不一致，在程序中用进料标志 F1 和放料标志 F2 加以区别就可以了。

8.2.3 任务实施

1. PLC 系统配置及资源分配

根据控制要求，系统有两个进料泵 YV1 和 YV2，1 个放料泵 YV3，1 个搅拌器 KM，3 个低中高液位显示信号灯 J、I、H；1 个起动按钮 SB1，1 个停止按钮 SB2，1 个液位传感器 B，1 个用于显示液位的数字表 M2，所以至少需要 7 个数字量输出信号，两个数字量输入信号，1 个模拟量输入通道，1 个模拟量输出通道。系统可选择如图 8-11 所示的硬件配置。搅拌器控制系统的资源分配表如表 8-3 所示，符号表如图 8-12 所示。

图 8-11 搅拌器控制系统的硬件配置

表 8-3 搅拌器控制系统的资源分配表

序号	符号	地址	说　明	序号	符号	地址	说　明
1	SB1	I0.1	起动按钮，常开按钮	11	H	Q0.7	高液位显示
2	SB2	I0.2	停止按钮，常开按钮	12	J1	M1.1	进料低液位
3	MNR	PIW272	液位测量输入通道	13	I1	M1.2	进料中液位
4	YV1	Q0.1	进料 A 泵	14	H1	M1.3	进料高液位
5	YV2	Q0.2	进料 B 泵	15	J2	M1.4	放料低液位
6	KM	Q0.3	搅拌器	16	I2	M1.5	放料中液位
7	YV3	Q0.4	放料 C 泵	17	H2	M1.6	放料高液位
8	MNC	PQW272	液位测量输出通道	18	F1	M0.2	进料标志
9	J	Q0.5	低液位显示	19	F2	M0.3	放料标志
10	I	Q0.6	中液位显示	20	F3	M0.4	动作标志

	Statu	Symbol /	Address		Data typ		Comment
1		F1	M	0.2	BOOL		进料标志
2		F2	M	0.3	BOOL		放料标志
3		F3	M	0.4	BOOL		动作标志
4		H	Q	0.7	BOOL		高位指示灯
5		H1	M	1.5	BOOL		进料高位标志
6		H2	M	1.6	BOOL		放料高位标志
7		I	Q	0.6	BOOL		中位指示灯
8		I1	M	1.3	BOOL		进料中位标志
9		I2	M	1.4	BOOL		放料中位标志
10		J	Q	0.5	BOOL		低位指示灯
11		J1	M	1.1	BOOL		进料低位标志
12		J2	M	1.2	BOOL		放料低位标志
13		KM	Q	0.3	BOOL		搅拌器
14		SB1	I	0.1	BOOL		起动按钮
15		SB2	I	0.2	BOOL		停止按钮
16		SCALE	FC	105	FC	105	Scaling Values
17		T1	T	1	TIMER		搅拌延时
18		T2	T	2	TIMER		放料延时
19		UNSCALE	FC	106	FC	106	Unscaling Values
20		YV1	Q	0.1	BOOL		进料泵1
21		YV2	Q	0.2	BOOL		进料泵2
22		YV3	Q	0.4	BOOL		放料泵
23							

图 8-12　搅拌器控制系统的符号表

2．PLC 系统端子接线

PLC 系统的 I/O 端子接线图如图 8-13 所示，图中用电位器代替模拟量输入信号B。为了防止模拟量信号的波动，应该把模拟量输入和输出信号的公共端连接起来，如图中虚线所示。

图 8-13　PLC 系统的 I/O 端子接线图

3．搅拌系统 PLC 控制程序

（1）控制程序 FC1

1）系统运行过程中，按下停止按钮，系统立即停止动作，但是液位显示仍保持。所以进料时显示和动作是两个独立的控制回路，为了区别两个不同的控制，首先设置搅拌器进料标志 F1 和动作标志 F3，如图 8-14 和图 8-15 所示。

FC1：控制程序

图 8-14　进料标志　　　　　　　　　图 8-15　动作标志

2）当进料标志 F1 和动作标志 F3 都动作且液位在进料低位时，打开进料泵 YV1 开始进料 A，如图 8-16 所示。

Network 3：进料泵YV1动作

```
    I0.2      I0.4      I0.3     I1.1            Q0.1
    进料标志   动作标志   放料标志  进料低位标      进料泵1
    "F1"      "F3"      "F2"     志              "YV1"
                                 "J1"
    ┤├────────┤├────────┤/├──────┤├────────────( S )
```

图 8-16　进料 A 子程序

3）当液位上升到进料中液位时，关闭进料泵 YV1 停止进料 A，打开进料泵 YV2 开始进料 B，如图 8-17 所示。

Network 4：进料泵YV2动作，进料泵YV1复位

```
    I0.2      I0.4      I0.3     I1.3            Q0.2
    进料标志   动作标志   放料标志  进料中位标      进料泵2
    "F1"      "F3"      "F2"     志              "YV2"
                                 "I1"
    ┤├────────┤├────────┤/├──────┤├───────┬─────( S )
                                          │
                                          │     Q0.1
                                          │     进料泵1
                                          │     "YV1"
                                          │
                                          └─────( R )
```

图 8-17　进料 B 子程序

4）当液位上升到进料高液位时，关闭进料泵 YV2 停止进料 B，打开搅拌器 M 开始搅拌，同时接通定时器 T1 开始搅拌延时，搅拌子程序如图 8-18 所示。

159

Network 5： 搅拌器KM动作并开始搅拌延时，进料泵YV2复位，

图 8-18　搅拌子程序

5）搅拌延时时间到，停止搅拌，进料标志 F1 复位，放料标志 F2 置位，如图 8-19 所示。

Network 6： 停止搅拌，放料标志F2置位，进料标志F1复位

图 8-19　进料、放料标志转换子程序

6）放料标志 F2 和动作标志 F3 都接通时，打开放料泵 YV3 开始放料，如图 8-20 所示。

Network 7： 放料泵YV3动作

图 8-20　放料子程序

7）放料过程中当液位达到放料低液位时，接通放料定时器 T2，开始放料延时，如图 8-21 所示。

Network 8：放料延时

图 8-21　放料延时子程序

8）放料延时时间到，关闭放料泵 YV3 停止放料，同时放料标志 F2 复位，停止放料子程序如图 8-22 所示。

Network 9：放料延时时间到，放料泵YV3复位，放料标志F2复位

图 8-22　停止放料子程序

9）在进料和放料过程中，无论何时按下停止按钮，动作标志 F3 复位，同时所有输出动作停止，系统复位子程序如图 8-23 所示。

Network 10：停止按钮复位所有动作和动作标志F3

图 8-23　系统复位子程序

（2）液位比较和显示子程序 FC2

子程序 FC2 主要根据测量与规范化处理结果来判断液位的高低，决定进料或者放料，同时控制高中低液位的显示。由于进料和放料的比较结果有些不同，每个液位显示程序中由 F1 和 F2 区别进料和放料状态，防止出现不同液位的双重显示。

1）在进料的过程中，当 0≤液位当前值<30%时，进料低液位标志 J1 动作，如图 8-24 所示。

图 8-24　进料低液位标志子程序

2）当进料液位 30%≤液位当前值<80%时，进料中液位标志 I1 动作，如图 8-25 所示。

Network 2：进料时，30%≤当前液位值<80%，进料中液位标志I1接通

图 8-25　进料中液位标志子程序

3）当进料液位当前值≥80%时，进料高液位标志 H1 动作，如图 8-26 所示。

Network 3：进料液位当前值≥80%，进料高液位标志H1接通

图 8-26　进料高液位标志子程序

162

4）在放料的过程中，当 30%<液位当前值≤100%时，放料高液位标志 H2 动作，如图 8-27 所示。

图 8-27　放料高液位标志子程序

5）当放料液位 0<液位当前值≤30%时，放料中液位标志 I2 动作，如图 8-28 所示。

图 8-28　放料中液位标志子程序

6）当放料液位当前值=0 时，放料低液位标志 J2 动作，并显示低液位 J，如图 8-29 所示。

Network 6：放料时，当前液位值＝0，放料低液位标志J2接通

图 8-29　放料低液位标志子程序

7）根据比较结果，设置高 H、中 I、低 J 液位显示，如图 8-30 所示。图中每个液位指示灯显示程序均由两个支路组成，第 1 支路为进料液位显示，第 2 支路为放料液位显示，分别由进料标志 F1 和放料标志 F2 控制。

Network 7: 进料和放料时低液位显示

Network 8: 进料和放料时中液位显示

Network 9: 进料和放料时高液位显示

图 8-30　液位显示子程序

（3）测量与规范化处理子程序 FC3

子程序 FC3 主要完成液位的测量，并进行规范化处理。

1）测量结果的规范化处理。从标准库中调用规范化处理功能子程序 FC105，直接读取 PIW272 模拟量输入通道测量值（0～+27648），并进行 0～100 的规范化处理，处理结果送入 MD60。测量结果的规范化处理如图 8-31 所示。程序中使用 M0.0 的常开触点与常闭触点串联控制 BIPOLAR 端子，可以确保 BIPOLAR 端子状态始终为"0"，以实现对单极性数据进行规范化处理。

图 8-31　测量结果的规范化处理

2）图 8-32 为输出规范化处理程序，从标准库中调用功能 FC106，从 FC106 的输出 OUT 接数字表，显示当前液位对应的电压值。

（4）主循环组织块 OB1

子程序 FC1～FC3 必须通过 OB1 的调用才能被执行并实现相应的控制或处理功能。调用子程序如图 8-33 所示。

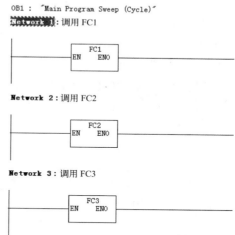

OB1 : "Main Program Sweep (Cycle)"
Network 1:调用 FC1

Network 2:调用 FC2

Network 3:调用 FC3

Network 2:输出规范化

图 8-32　输出规范化处理程序

图 8-33　调用子程序

8.2.4　方案调试

1．用仿真软件调试

调试搅拌器控制系统时，可打开 PLCSIM 工具采用离线方式进行方案调试。首先打开 PLCSIM 工具，将硬件组态信息及程序块（OB1、FC1～FC3）下载到仿真 PLC，然后在 PLCSIM 窗口内执行菜单命令"Tools"→"Option"→"Attach Symbols"将符号表匹配到 PLCSIM，再按图 8-34 插入调试变量。

图 8-34　仿真调试程序

模拟量的调试方法为：单击工具栏中的 （Insert generic Variable，插入通用变量）按钮，在视图对象左上角的小窗口写入模拟量地址，如 PIW272 或 PQW272 等。单击视图对象右上角小窗口的选择按钮，可以选择输入变量和输出变量的格式。其中有：Binary（二进制）、Decimal（十进制）、Integer（整数）、Hex（十六进制）、BCD（BCD 码）、Char（字符）、Slider：Dec（单值滑块，输入范围为 0～65535）、Slider：Int（双值滑块，输入范围为 -32768～+32767）等几种类型。当选择滑块输入时，出现滑块的图标，可以直接拉动滑块获取不同的模拟量输入信号。用滑块调试模拟量如图 8-35 所示。

图 8-35　用滑块调试模拟量

方案调试数据及调试步骤如表 8-4 所示。表中数据 0～8294 对应液位的 0～30%，数据 8295～22184 对应液位的 30%～80%，数据 22185～27648 对应液位 80%～100%。

表 8-4　方案调试数据及调试步骤

步骤	调试前活动的变量	需手动设置的变量	调式后活动的变量	说　　明
0	PIW272=0，SB2=0		F1=0	
1	F1=0，F2=0，F3=0	SB1 先为 1 再为 0，PIW272=0～8294	F1=1，F3=1 YV1=1，J=1	按起动按钮 SB1，打开进料泵 1，加入料 A
2	F1=1，F3=1，F2=0 YV1=1，J=1	PIW272=8295～22184	F1=1，F3=1 YV2=1,I=1	关闭进料泵 1，打开进料泵 2，加入料 B
3	F1=1,F3=1，F2=0 YV2=1，I=1	PIW272=22185～27648	F1=1，F3=1 KM=1，H=1	关闭进料泵 2，起动搅拌器
4	F2=1，F3=1，F1=0 KM=1，H=1	5s 后，PIW272=27648～0	F2=1，3=1 YV3=1，H=1	关闭搅拌器，起动放料泵
5	F2=1，F3=1，F1=0 YV3=1，H=1	PIW272=0 过 5s 后	F1=1，F3=1 YV1=1,J=1	5s 后关闭放料泵

测试过程中，还需要进行以下功能测试。

1）按停止按钮 SB2，观察系统是否进入停止动作状态。

2）停止动作后重新起动时观察搅拌动作和放料动作的延时时间能否保证。

3）调整 PIW272 的值（0～+27648），观察是否能够正确设置动作标志 F1～F3，对应的输出能否正确动作。

2. 用变量表调试

首先关闭 PLCSIM 工具，然后插入一个变量表，再打开变量表按图 8-36 输入调试变量并保存。将硬件组态信息及程序块（OB1、FC1～FC3、FC105 、FC106）下载到 PLC 中，打开变量表的"监控"按钮将变量表切换到监控状态。
按下起动按钮，然后从小到大缓慢调节电位器，在变量
表窗口观察输出信号的状态，同时观察数字表的读数从
0～10V 变化情况和液位指示灯的点亮情况能否按照程
序进行控制。

　　搅拌器完成一个周期动作后，如何自动进入下一个循
环，请读者自行分析，并设计出程序。

　　本项目涉及对模拟信号的处理，包括模拟量输入模
块、模拟量输出模块及模拟信号的处理等内容。模拟量
信号的处理一般都用到数字处理指令，因而也介绍了这
一部分指令，根据处理任务的不同可灵活选用相应的字
处理指令。

　　在设计类似本项目的顺序控制任务时，一定要注意
设计好从一个工序向下一个工序的切换过程，一般的做
法是用位存储器（如 M0.0、M0.1…）来表示各个工序
（如 S1～Sn），用前一个工序的标志 S(n-1)作为到下一
个工序 Sn 转换的条件之一，用置位指令设置当前工序
标志 Sn，同时用复位指令取消前一个工序标志 S(n-1)，然后用当前工序标志作为驱动，实
现相应的动作。如果是循环操作，还需要用最后一个工序标志 Sn 作为第一个工序 S1 的条件
之一顺序控制。程序结构如图 8-37 所示。

	address		Symbol	Display format	Status value
1	Q	0.1	"YV1"	BOOL	false
2	Q	0.2	"YV2"	BOOL	false
3	Q	0.3	"M"	BOOL	true
4	Q	0.4	"YV3"	BOOL	false
5	Q	0.5	"J"	BOOL	false
6	Q	0.6	"I"	BOOL	false
7	Q	0.7	"H"	BOOL	true
8	M	1.0	"S0"	BOOL	false
9	M	1.1	"S1"	BOOL	false
10	M	1.2	"S2"	BOOL	false
11	M	1.3	"S3"	BOOL	true
12	M	1.4	"S4"	BOOL	false
13	M	1.5	"S5"	BOOL	false
14	M		"F1"	BOOL	true
15	M	0.2	"F2"	BOOL	false
16	M	2.1	"J1"	BOOL	false
17	M	2.2	"I1"	BOOL	false
18	M	2.3	"H1"	BOOL	true
19	M	2.4	"J2"	BOOL	false
20	M	2.5	"I2"	BOOL	false
21	M	2.6	"H2"	BOOL	true
22	PIW	272	"MNR"	HEX	W#16#12C0
23	PQW	272	"MNC"	HEX	
24	T	1		SIMATIC_TIME	S5T#3s840m
25	T	2		SIMATIC_TIME	S5T#0ms
26					

图 8-36　用变量表调试程序

图 8-37　顺序控制程序结构

8.3 习题

1. 模拟量输入/输出模块的地址如果确定？
2. 程序块 FC105 有什么功能？如何调用？
3. 如何设置程序块 FC105 的参数？
4. 程序块 FC106 有什么功能？如何调用？
5. 如何设置程序块 FC106 的参数？
6. 设计水塔水位控制系统。如图 8-38 所示，由两个液位传感器 X1 和 X2（输出 0～10V）来检测水塔和水池水位的高低。当水池水位低于水池低水位界（满水位 20%）时，水池低水位指示灯 H1 亮，进水阀 Y 打开进水，定时器开始计时。如果 30s 后，中水位界（满水位 50%）指示灯 H2 没有亮，表示进水阀 Y 出现故障，故障指示灯闪烁；水位到达高水位界（满水位 90%）时，高水位指示灯 H3 亮，进水阀 Y 关闭。当水塔水位低于水塔低水位界（满水位 20%）时，水塔低水位指示灯 H4 亮，且水池水位在中水位以上时，电动机 M 运转抽水；当水塔水位高于水塔高水位界（满水位 95%）时，电动机停止抽水，水塔高水位指示灯 H5 亮。

图 8-38　水塔水位控制系统

第9章 顺序控制系统控制方法的设计

9.1 顺序控制系统

9.1.1 顺序控制

所谓顺序控制，就是按照生产工艺预先规定的流程，在各种输入信号的作用下，使生产过程的各执行机构能够自动而有序地工作。

以图 9-1 所示具有预备、钻、铣和终检 4 个工位的加工生产线控制为例，该生产线工作过程为：在初始状态 S1 下按起动按钮，则生产线开始工作（步 S2）；如果在预备工位放置一个工件（B1 动作），则传送带运行将工件向下一站传送（步 S3）；工件被传送到钻加工站（B2 动作），对工件进行 5s 钻加工（步 S4）；钻加工时间到达后（T1 定时到），传送带继续运行并将工件向下一站传送（步 S5）；当工件被传送到铣加工站（B3 动作）时，则对工件进行 4s 铣加工（步 S6）；铣加工时间到达后（T2 定时到），传送带继续运行并将工件传送到下一站（步 S7）；工件被传送到终检站（B4 动作），则对工件进行 2s 终检（步 S8）；终检完毕后（T3 定时到）一个工件的加工流程结束（步 S9）。如果在预备工位上再放置一个工件，将开始下一个工件的检测流程，并如此循环。

图 9-1 顺序控制示例

从以上描述可以看出，加工过程由一系列步（S）或功能组成，这些步或功能按顺序由转换条件激活，这样的控制就是顺序控制，即传统方法中采用步进传动装置或定时盘来实现的控制过程。

9.1.2 顺序控制系统的结构

如图 9-2 所示，一个完整的顺序控制系统分 4 个部分：方式选择、顺控器、命令输出、故障信号和运行信号。

图 9-2 顺序控制系统结构图

1. 方式选择

在方式选择部分主要处理各种运行方式的条件和封锁信号。运行方式在操作台上通过选择开关或按钮进行设置和显示。设置的结果形成使能信号或封锁信号，并影响"顺控器"和"命令输出"部分的工作。基本的运行方式有以下几种。

1）"自动"方式：在该方式下，系统将按照顺控器中确定的控制顺序，自动执行各控制环节的功能，一旦系统起动后就不再需操作人员的干预，但可以响应停止和急停操作。

2）"单步"方式：在该方式下，系统在操作人员的控制下，依据控制按钮一步一步地完成整个系统的功能，但并不是每一步都需要操作人员确认。

3）"键控"方式：在该方式下，各执行机构（输出端）动作需要由手动控制实现，不需要 PLC 程序。

2. 顺控器

顺控器是顺序控制系统的核心，是实现按时间、顺序控制工业生产过程的一个控制装置。这里所讲的顺控器专指用 S7 GRAPH 语言或 LAD 语言编写的一段 PLC 控制程序，使用顺序功能图描述控制系统的控制过程、功能和特性。

3. 命令输出

命令输出部分主要实现控制系统各控制步的具体功能，如钻、铣、终检等。

4. 故障信号和运行信号

故障信号和运行信号部分主要处理控制系统运行过程中的故障及运行状态，如当前系统工作于哪种方式、已经执行到哪一步，工作是否正常等。

9.2 顺序功能图

顺序功能图（Sequential Function Chart，SFC）是 IEC 标准编程语言，用于编制复杂的顺序控制程序，其编程规律性强，很容易被初学者接受。对于有经验的电气工程师，也会大大提高工作效率。

9.2.1 顺序功能图的结构

假设上述生产线中，当一个工件处理结束后才允许放入下一个工件，也就是说传送带上只能有一个工件。这样的顺序工作过程可用图 9-3 进行描述，这种图称为顺序功能图。顺序功能图由一系列的步（S）、每一步的转移条件及步的动作命令 3 部分组成。

图 9-3　顺序功能图

1. 步

步（Step）表示与生产流程对应的工艺过程，用 S1、S2、S3…表示，可以不按顺序使用。其中 S1 一般用来表示初始步，用双线框绘制，代表系统处于等待命令的相对静止状态。每一个顺序功能图至少应有一个初始步。系统在开始运行之前，首先应进入规定的初始步（初始状态）。

2. 转移条件

转移条件是由当前步（如 S2）向下一步（如 S3）转移的条件（如 B1）。当转移条件满足时，系统自动从当前步跳到下一步（关闭当前步，激活下一步）。转移条件在当前步下面，用短水平线（若有斜线则表示取反）引出并放置在线的右边（用 S7 GRAPH 编程时则放在左边）。例如，S2 的转移条件为 B1，在 S2 被激活的情况下，若 B1＝"1"，则关闭 S2，激活 S3。

步的转移不一定按顺序进行。根据工艺要求，在条件满足时也可以从当前步直接跳到当前步前面的某一步或后面的某一步。例如，在 S9 被激活的情况下，若停止按钮未按下，则直接从 S9 跳到 S2。

3. 动作命令

动作命令放在步序框的右边，表示与当前步有关的操作，一般用输出类指令（如输出、置位、复位等）。步相当于这些指令的子母线，这些动作命令平时不被执行，只有当对应的步被激活时才被执行。

9.2.2 顺序功能图的类型

顺序功能图有 3 种基本类型。

1. 单流程

如图 9-4a 所示，从头到尾只有一条路可走（一个分支）的流程称为单流程。单流程一般做成循环单流程。

图 9-4 顺序功能图的结构类型

a) 单流程　b) 选择分支流程 1　c) 选择分支流程 2　d) 并进分支流程

2. 选择分支流程

如图 9-4b、图 9-4c 所示，流程中存在两条或两条以上路径，而只能选择其中一条路径来走，这种分支方式称为选择分支。在分支处，同一时间转移条件只能满足一个，体现选择性分支的唯一性。对于具有"自动"和"手动"2 种操作模式的顺控器，一般设计成选择分支流程。

1）选择分支的执行。以图 9-4b 为例，Sn、Sn+1 所在的分支和 Sn+2、Sn+3 所在的分支为两条选择分支。Sn-1 步的转移条件（Tn-1、$\overline{Tn-1}$）分散在各个分支中。在 Sn-1 被激活的状态下，若 Tn-1 先有效，则执行 Sn、Sn+1 所在分支，此后即使$\overline{Tn-1}$有效也不再执行 Sn+2、Sn+3 所在分支；若$\overline{Tn-1}$先有效，则执行 Sn+2、Sn+3 所在分支，此后即使 Tn-1 有效也不再执行 Sn、Sn+1 所在分支。

2）选择分支的汇合。以图 9-4b 为例，对于选择分支，被选择分支（假设为 Sn、Sn+1 所在分支）的最后一个步（Sn+1）被激活后，只要其转移条件满足（Tn+1 有效），就从汇合处跳出进入下一步（Sn+4），而不再考虑其他分支的是否被执行。

注意：作为各分支自身的转移条件，在分支处，转移条件应在分支线的下方，而不能在分支线的上方；在汇合处，转移条件应在汇合线的上方，而不能在汇合线的下方。分支线和汇合线均为单线。

3. 并进分支流程

如图 9-4d 所示，流程中若有两条或两条以上路径且必须同时执行，这种分支方式称为并进分支流程。在各个分支都执行完后，才会继续往下执行。这种有等待功能的汇合方式，称为并进汇合。

需要同时完成两种或两种以上工艺过程的顺序控制任务，必须采用并进分支流程。对于图 9-1 中的控制任务，如果要求工件可以连续不断地传送，这样在钻、铣、终检 3 个工位上则需要同时对 3 个工件分别执行钻、铣、终检操作，设计这类顺序控制系统就必须采用并进分支流程。

1）并进分支的执行。以图 9-4d 为例，Sn、Sn+1 所在的分支和 Sn+2、Sn+3 所在的分支为一对并进分支。在步 Sn-1 处，转移条件汇集于分支之前，在 Sn-1 被激活的状态下，若转移条件满足（Tn-1 有效），则两个分支同时被执行。

2）并进分支的汇合。以图 9-4d 为例，只有当 Sn、Sn+1 所在的分支和 Sn+2、Sn+3 所在的分支全部执行完毕后，才进行汇合，执行分支外部的状态步（Sn+4）。

注意：作为各分支公用的转移条件，在分支处，转移条件应在分支线的上方，而不能在分支线的下方；在汇合处，转移条件应在汇合线的下方，而不能在汇合线的上方。分支线和汇合线均为双线。

9.3 顺序功能图的梯形图编程方法

在 STEP 7 环境下，顺序功能图既可以用 S7 GRAPH 进行编程，也可以用梯形图编程。梯形图编程是一种通用的编程方法，适用于各种厂家各种型号的 PLC，是 PLC 工程技术人员必须掌握的编程方法。

9.3.1 简单流程的编程

以图 9-5 所示的简单流程为例，顺序功能图的每一步用梯形图编程时都需要用两个程序段来表示，第 1 个程序段实现从当前步到下一步的转换，第 2 个程序段实现转换以后的步的功能（命令）。一般用一系列的位存储器（如 M0.0、M0.1…）分别表示顺序功能图的各步（如 S1、S2、S3…）。要实现步的转换，就要用当前步及其转换条件的逻辑输出去置位下一步，同时复位当前步，简单流程的梯形图示例如图 9-6 所示。

图 9-5 简单流程示例

步的输出逻辑部分可根据设备工艺要求采用一般的输出指令（如输出 1、输出 3）或保持性的置位指令（如输出 2）及复位指令（如输出 4）。

图 9-6　简单流程的梯形图示例

9.3.2　选择分支流程的编程

以图 9-7 所示的选择分支流程为例，用分支前的最后 1 步（Sn−1）及其转换条件（条件 n−1）的逻辑输出置位两个分支中 1 个分支的第 1 步（Sn 或 Sn+2），并对分支前的最后 1 步（Sn−1）复位；其中 1 个选择分支的最后 1 步（Sn+1 或 Sn+3）及其转换条件（条件 n+1 或条件 n+3）的逻辑输出置位汇合后的第 1 步（Sn+4），并对相应分支的最后 1 步（Sn+1 或 Sn+3）复位，选择分支流程的梯形图示例如图 9-8 所示。

图 9-7　选择分支流程示例

174

OB1 : "Main Program Sweep (Cycle)"

Network 1: 由Sn-1转到Sn（选择分支1）　　　　　　　　**Network 2:** 执行Sn步的命令

```
    Sn-1        条件n-1              Sn          Sn                      输出1
  ──┤├────────┤├──────────────(S)──        ──┤├─────────────────────( )──
                          │     Sn-1                                输出2
                          └───────────(R)──                    ──────(S)──
```

Network 3: 由Sn转到Sn+1　　　　　　　　　　　　　　**Network 4:** 执行Sn+1的命令

```
    Sn          条件n               Sn+1        Sn+1                    输出3
  ──┤├────────┤├──────────────(S)──        ──┤├─────────────────────( )──
                          │     Sn                                  输出4
                          └───────────(R)──                    ──────(R)──
```

Network 5: 由Sn+1转换到Sn+4（选择分支1汇合）　　　**Network 6:** 由Sn-1转到Sn+2（选择分支2）

```
    Sn+1        条件n+1             Sn+4        Sn-1        条件n-1       Sn+2
  ──┤├────────┤├──────────────(S)──        ──┤├────────┤/├──────────(S)──
                          │     Sn+1                                Sn-1
                          └───────────(R)──                    ──────(R)──
```

Network 7: 执行Sn+2步的命令　　　　　　　　　　　**Network 8:** 由Sn+2转到Sn+3

```
    Sn+2                    输出5         Sn+2        条件n+2       Sn+3
  ──┤├──────────────────────(R)──      ──┤├────────┤├──────────(S)──
                        输出6                                   Sn+2
                  ──────────(S)──                          ──────(R)──
```

Network 9: 执行Sn+3的命令　　　　　　　　　　　　**Network 10:** 由Sn+3转换到Sn+4（选择分支2汇合）

```
    Sn+3                    输出7         Sn+3        条件Sn+3      Sn+4
  ──┤├──────────────────────(S)──      ──┤├────────┤├──────────(S)──
                        输出8                                   Sn+3
                  ──────────(R)──                          ──────(R)──
```

Network 11: 执行Sn+4的命令

```
            Sn+4                            输出9
          ──┤├────────────────────────────( )──
```

图 9-8　选择分支流程的梯形图示例

9.3.3　并进分支流程的编程

以图 9-9 所示的并进分支流程为例，用分支前的最后 1 步（Sn-1）及其转换条件（条件 n-1）的逻辑输出同时置位各并进分支的第 1 步（Sn 和 Sn+2），并对分支前的最后 1 步（Sn-1）复位；用各并进分支的最后一步（Sn+1 和 Sn+3）及其转换条件（条件 n+2）的逻辑输出置位并进分支汇合后的第 1 步（Sn+4），并对各分支的最后 1 步（Sn+1 和 Sn+3）复位，并进分支流程的梯形图示例如图9-10所示。

图 9-9　并进分支流程示例

：由Sn-1转到Sn及Sn+2（并进分支）

图 9-10　并进分支流程的梯形图示例

176

9.4 S7 GRAPH 语言

S7-300 系列 PLC 除了支持前面介绍的梯形图（LAD）、语句表（STL）及功能块图（FBD）等基本编程语言之外，如果使用可选软件包（S7 GRAPH）或 STEP 7 专业版，还能进行顺序功能图的编写。

利用 S7 GRAPH 语言，可以快速组织并编写 S7-300 系统 PLC 的顺序控制程序。一个 S7 GRAPH 的功能块（FB）最多可以编写 250 个"步"和 250 个"转换"，可以由多个 Sequencer（顺控器）组成，每个 Sequencer（顺控器）最多可以编写 256 个分支、249 个并进分支及 125 个选择分支，具体容量与 CPU 的型号有关。

9.4.1 认识 S7 GRAPH 的语言环境

1. 创建使用 S7 Graph 语言的功能块 FB

在 SIMATIC Manager 窗口内单击"Blocks"文件夹，然后执行菜单命令"Insert"→"S7 Block"→"Function Block"，打开"FB 属性"对话框，如图 9-11 所示。

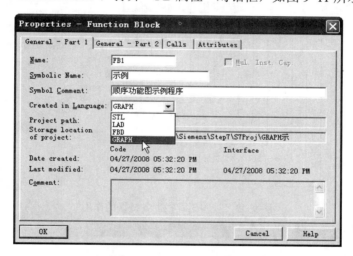

图 9-11 "FB 属性"对话框

在"Name"区域输入功能块的名称，如"FB1"；在"Symbolic Name"区域输入 FB 的符号名；在"Symbol Comment"区域可选择输入 FB 的说明文字；在"Created in Language"区域选择 FB 的编程语言，单击下拉列表按钮 ▼，在下拉列表内选择"GRAPH"语言。最后单击"OK"按钮确认并插入 1 个功能块 FB1。用鼠标双击功能块图标 ▣FB1，打开 S7 GRAPH 编辑器，编辑器自动为 FB1 生成了第 1 步"S1 Step1"和第一个转换"T1 Trans1"，S7 GRAPH 编辑器如图 9-12 所示。

S7 GRAPH 编辑器由生成和编辑程序的工作区、标准工具栏、视窗工具栏、浮动工具栏、详细信息窗口和浮动浏览窗口（Overview Window）等组成。视窗工具栏上各按钮的作用如图 9-13 所示。Sequencer 浮动工具栏上各按钮的作用如图 9-14 所示。转换条件编辑工具栏上各指令的含义和移动图标如图 9-15 所示。

图 9-12　S7 GRAPH 编辑器

图 9-13　视窗工具栏上各按钮的作用

图 9-14　Sequencer 浮动工具栏上各按钮的作用

梯形图分支闭合
插入梯形图分支
插入比较指令
插入常闭指令触点
插入常开指令触点

拖放模式时
的移动图标

图 9-15　转换条件编辑工具栏上各指令的含义和移动图标

2．两种编辑模式

1）直接（Direct）编辑模式。执行菜单命令"Insert"→"Direct"将进入直接编辑模式。

2）拖放（Drag-and-Drop）编辑模式。执行菜单命令"Insert"→"Drag-and-Drop"将进入拖放编辑模式。在"拖放"模式下单击工具栏中要插入的元件后，鼠标将会带着图 9-15 右边的图标移动。用工具条上最左边的预选/直接"Preselected/Direct"按钮可以切换两种编辑模式。

3．顺序功能图的基本框架

在直接编辑模式，用鼠标选中打开的 FB 窗口中工作区内初始步下面的转换，该转换变为淡紫色。依次单击工具条中的"步与转换"按钮，将自上而下增加步和转换。用鼠标选中最下面的转换，单击工具条中的"跳步"按钮，输入跳步的目标步序号。

4．对转换条件编辑

转换条件可以用梯形图或功能块图来表示。单击转换条件中要放置的元件，在转换条件编辑工具栏中单击常开触点或常闭触点，用它们组成的串并联电路来对转换条件进行编辑。生成触点后，单击触点上方的问号，可以输入转换条件的地址。

5．浏览窗口选项卡

单击标准工具栏上的■按钮可显示或隐藏左视窗。左视窗有 3 个选项卡："图形"选项卡（Graphic）、"顺控器"选项卡（Sequence）和"变量"选项卡（Variables），浏览窗口选项卡如图 9-16 所示。

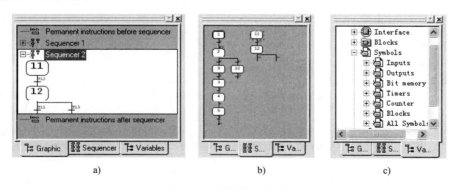

a)　　　　　　　　　　b)　　　　　　　　　　c)

图 9-16　浏览窗口选项卡

a)"图形"选项卡　b)"顺控器"选项卡　c)"变量"选项卡

在图形选项卡内可浏览正在编辑的顺控器的结构，图形选项卡由顺控器之前的永久性指令（Permanent instructions before sequencer）、顺控器（Sequencer）和顺控器之后的永久性指令（Permanent instructions after sequencer）3 部分组成。

在"顺控器"选项卡内可浏览多个顺控器的结构。当一个功能块内有多个顺控器时，可使用该选项卡。

在"变量"选项卡内可浏览编程时可能用到的各种基本元素。在该选项卡可以编辑和修改现有的变量，也可以定义新的变量。可以删除变量，但是不能编辑系统变量。

9.4.2 步与步的动作命令

一个 S7 GRAPH 顺控器由多个步组成，其中的每一步都由步序（如 S2）、步名（如 ER_SG）、转换编号（如 T8）、转换名、转换条件(Start)和步的动作等几部分组成，步的组成如图 9-17 所示。步的步序、转换编号和步名由系统自动生成，一般不需要更改，如果需要也可以由用户自己定义，但必须唯一；转换条件可用 LAD 或 FBD 指令编辑；步的动作行由命令和操作数组成，左边的方框用来写入命令，右边的方框为操作数地址；动作分为标准动作和与事件有关的动作，动作中可以有定时器、计数器和算术运算。

图 9-17　步的组成

（1）常用的标准动作
常用的标准动作如表 9-1 所示。

表 9-1　标准动作中的命令

命　　令	操作数类型	功 能 说 明
N	Q、I、M、D	输出：只要该步为活动步，该命令所对应的操作数就会输出"1"；该步变为非活动步时，该命令所对应的操作数为"0"
S	Q、I、M、D	置位：只要该步为活动步，该命令所对应的操作数就会被置"1"并保持；当该步变为非活动步时，该命令所对应的操作数可以被其他活动步的复位命令复位为"0"
R	Q、I、M、D	复位：只要该步为活动步，该命令所对应的操作数就会被复位为"0"并保持；当该步变为非活动步时，该命令所对应的操作数可以被其他活动步的置位命令置为"1"
D	Q、I、M、D	延迟：当该步变为活动步时，开始倒计时（时间由 T#xx 指定），如果计时到，则与该命令对应的操作数输出"1"；当该步变为非活动步时，则与该命令对应的操作数为"0"
L	Q、I、M、D	脉冲限制：当该步变为活动步时，与该命令对应的操作数为"1"并开始倒计时（时间由 T#xx 指定），如果计时到，则操作数为"0"；当该步为非活动步时，操作数为"0"
CALL	FC、FB、SFC、SFB	块调用：只要该步为活动步，指定的块被调用

（2）互锁命令

对标准动作可以设置互锁（Interlock），仅在步处于活动状态且互锁条件满足时，有互锁的动作才被执行。标准动作中的互锁命令如表 9-2 所示。

表 9-2　标准动作中的互锁命令

命　令	操作数类型	功　能　说　明
NC	Q、I、M、D	输出：当该步为活动步且互锁条件满足时，该命令所对应的操作数为"1"；该步变为非活动步时，该命令所对应的操作数为"0"
SC	Q、I、M、D	置位：当该步为活动步且互锁条件满足时，该命令所对应的操作数就会被置"1"并保持；当该步变为非活动步时，该命令所对应的操作数可以被其他活动步的复位命令复位为"0"
RC	Q、I、M、D	复位：当该步为活动步且互锁条件满足时，该命令所对应的操作数就会被复位为"0"并保持；当该步变为非活动步时，该命令所对应的操作数可以被其他活动步的置位命令置"1"
DC	Q、I、M、D	延迟：当该步为活动步且互锁条件满足时，开始倒计时（时间由 T#xx 指定），如果计时到，则操作数为"1"；当该步变为非活动步时，则操作数为"0"
LC	Q、I、M、D	脉冲限制：当该步为活动步且互锁条件满足时，与该命令对应的操作数为"1"并开始倒计时（时间由 T#xx 指定），计时到，则操作数为"0"；当该步为非活动步时，操作数为"0"
CALLC	FC、FB、SFC、SFB	块调用：当该步为活动步且互锁条件满足时，指定的块被调用

用鼠标双击某一步的步框，显示对步的监控条件（Supervsion）和互锁条件（Interlock），如图 9-18 所示。其中 C 表示互锁条件，V 表示监控条件。单击 C 可以加入互锁条件，如图 9-19 所示，加入 M0.0 互锁条件。返回顺序功能图后，在步序框的左上角出现一个 C 标志，表示当前步有互锁条件，如图 9-20 所示。

图 9-18　对步的监控和互锁条件

如果单击 V 可以加入监控功能，加入对步的监控条件，返回顺序功能图后，在步序框的左下角出现一个 V 标志，表示当前步有监控条件。

图 9-19　加入互锁条件　　　　　　　　图 9-20　显示互锁条件

（3）动作事件

动作可以与事件结合，事件是指步、监控信号、互锁信号的状态变化、信息（Message）的确认（Acknowledgment）或记录（Registration）信号被置位等。事件的发生时间如图 9-21 所示，控制动作的事件的意义如表 9-3 所示。命令只能在事件发生的那个循环周期执行。

图 9-21　事件的发生时间

表 9-3　控制动作的事件的意义

事　件	事件的意义	事　件	事件的意义
S1	步变为活动步	S0	步变为非活动步
V1	发生监控错误（有干扰）	V0	监控错误消失（无干扰）
L1	互锁条件解除	L0	互锁条件变为"1"
A1	信息被确认	R1	在输入信号的上升沿，记录信号被置位

（4）ON 命令与 OFF 命令

用 ON 命令或 OFF 命令可以使命令所在步之外的其他步变为活动步或非活动步。ON 和 OFF 命令取决于"步"事件，即该事件决定了该步变为活动步或非活动步的时间，这两个命令可以与互锁条件组合，即可以使用命令 ONC 和 OFFC。指定的事件发生时，可以将指定的步变为活动步或非活动步。如果命令 OFF 的操作数标识符为 S_ALL，可以将除了命令"S1（V1，L1）OFF"所在的步之外的其他步全部变为非活动步。步的动作如图 9-22 所示，当步 8 变为活动步时，各动作按下述方式执行。

图 9-22　步的动作

当 S8 变为活动步且互锁条件满足时，命令"S1　R　C"使输出 Q4.0 复位为"0"并保持为"0"；一旦监控错误发生（出现 V1 事件），除了动作中命令"V1　OFF"所在步 S8 外，其他的活动步均变为非活动步；S8 变为非活动步时（出现事件 S0），步 S5 变为活动步；只要互锁条件满足（出现 L0 事件），就调用指定的功能块 FB2。

（5）动作中的计数器

动作中计数器的执行与指定的事件有关。互锁功能可以用于计数器。对于有互锁功能的计数器。只有在互锁条件满足且指定的事件出现时，动作中的计数器才会计数。计数值为 0 时计数器的位变量为"0"，计数值非 0 时计数器的位变量为"1"。

事件发生时，计数器指令 CS 将初值装入计数器。CS 指令下面一行是要装入的计数器的初值，它可以由 IW、QW、MW、LW、DBW、DIW 来提供，或用常数 C#0～C#999 的形式给出。事件发生时，CU、CD、CR 指令使计数值分别加 1、减 1 或将计数值复位为 0。计数器命令与互锁组合时，命令后面要加上"C"。

（6）动作中的定时器

动作中的定时器与计数器的使用方法类似，事件出现时定时器被执行。互锁功能也可以用于定时器。

1）TL 命令。TL 是扩展的脉冲定时器命令，该命令的下面一行是定时器的定时时间"time"。定时器位没有闭锁功能。定时器的定时时间可以由 IW、QW、MW、LW、DBW、DIW 来提供，或用 S5T#time_constant 的形式给出；"#"后面是时间常数值。

一旦事件发生定时器立即被起动。起动后将继续定时，而与互锁条件和步是否是活动步无关。在"time"指定的时间内，定时器的位变量为"1"，此后变为"0"。正在定时的定时器可以被新发生的事件重新起动。重新起动后，在"time"指定的时间内，定时器的位变量为"1"。

2）TD 命令。TD 命令用来实现定时器位有闭锁功能的延迟。一旦事件发生定时器立即被起动，互锁条件 C 仅仅在定时器被起动的那一时刻起作用。定时器被起动后将继续定时，而与互锁条件和步的活动性无关。在"time"指定的时间内，定时器的位变量为"0"。正在定时的定时器可以被新发生的事件重新起动。重新起动后，在"time"指定的时间内，定时器的位变量为"0"，定时时间到时，定时器的位变量变为"1"。

3）TR 命令。TR 是复位定时器命令。一旦事件发生定时器立即停止定时，定时器位与定时值被复位为"0"。

以图 9-23 所示的步 S3 为例，当该步变为活动步时，事件 S1 使计数器 C4 的值加 1；C4 可以用来统计 S3 变为活动步的次数；只要步 S3 变为活动步，事件 S1 使 MW0 的值加 1；S3 变为活动步后 T3 开始定时，定时器 T3 的位变量为"0"状态，5s 后定时器 T3 的位变量变为"1"状态。

图 9-23　步 S3 示例

除了命令 D（延迟）和 L（脉冲限制）外，其他命令都可以与事件组合使用。常用命令组合示例及说明如表 9-4 所示。

表 9-4　常用命令组合示例及说明

命　　令		说　　明
N（C）	Q4.0	当该步被激活（且互锁条件满足时），Q4.0 为"1"并保持一个扫描周期
S（C）	Q4.0	当该步被激活（且互锁条件满足时），Q4.0 为"1"并保持
R（C）	Q4.0	当该步被激活（且互锁条件满足时），Q4.0 为"0"并保持
S1　N（C）	Q4.0	在该步被激活期间（且互锁条件满足时），Q4.0 为"1"并保持一个扫描周期
S0　N（C）	Q4.0	在该步变为非活动步的瞬间（且互锁条件满足时），Q4.0 为"1"并保持一个扫描周期
V1　N（C）	Q4.0	在发生监控错误的瞬间（且互锁条件满足时），Q4.0 为"1"并保持一个扫描周期
V0　N（C）	Q4.0	在监控错误消失的瞬间（且互锁条件满足时），Q4.0 为"1"并保持一个扫描周期
L1　N（C）	Q4.0	在互锁条件解除的瞬间（且互锁条件满足时），Q4.0 为"1"并保持一个扫描周期
L0　N（C）	Q4.0	在互锁条件变为"1"的瞬间（且互锁条件满足时），Q4.0 为"1"并保持一个扫描周期
A1　N（C）	Q4.0	在信息被确认的瞬间（且互锁条件满足时），Q4.0 为"1"并保持一个扫描周期
S1　S（C）	Q4.0	在该步被激活瞬间（且互锁条件满足时），Q4.0 为"1"并保持
S0　S（C）	Q4.0	在该步变为非活动步的瞬间（且互锁条件满足时），Q4.0 为"1"并保持
V1　S（C）	Q4.0	在发生监控错误的瞬间（且互锁条件满足时），Q4.0 为"1"并保持
S1　R（C）	Q4.0	在该步被激活期间（且互锁条件满足时），Q4.0 为"0"并保持
S1　CALL（C）	FB1	在该步被激活瞬间（且互锁条件满足时），FB1 被调用一次
S1　ON（C）	S8	在该步被激活瞬间（且互锁条件满足时），S8 步被激活
S1　OFF（C）	S8	在该步被激活瞬间（且互锁条件满足时），S8 步变为非活动
S1　OFF（C）	S_ALL	在该步被激活瞬间（且互锁条件满足时），所有步均变为非活动步
S1　SC（C）	C10 C#36	在该步被激活瞬间（且互锁条件满足时），将计数器 C10 的当前值置为 36（有效范围是 0～999）
S1　CU（C）	C10	在该步被激活瞬间（且互锁条件满足时），C10 加 1
S1　CD（C）	C10	在该步被激活瞬间（且互锁条件满足时），C10 减 1
S1　CR（C）	C10	在该步被激活瞬间（且互锁条件满足时），C10 被复位
S1　TD（C）	T8 S5T#10S	在该步被激活期间（且互锁条件满足时），定时器 T8 开始以接通延时定时器的方式进行 10s 定时，定时时间到 T8 输出为"1"
S1　TL（C）	T8 MW10	在该步被激活瞬间（且互锁条件满足时），定时器 T8 开始按 MW10 给定的时间以扩展脉冲定时器的方式进行定时，定时时间到 T8 输出为"0"
S1　TR（C）	T8	在该步被激活瞬间（且互锁条件满足时），T8 被复位

9.4.3　在主程序中调用 S7 GRAPH 功能块

1. S7 GRAPH 功能块的参数集

在 S7 GRAPH 编辑器中执行菜单命令"Option"→"Block Setting"可打开"S7 GRAPH 功能块参数设置"对话框，设置 FB 参数集如图 9-24 所示。

图 9-24　设置 FB 参数集

在"FB Parameters"区域有 4 个选项："Minimum（最小参数集）"、"Standard（标准参数集）"、"Maximum（最大参数集）"、"User-defined（用户自定义参数集）"。S7 GRAPH 功能块的参数集如图 9-25 所示，不同的参数集所对应的功能块图符不同。S7 GRAPA 功能块（FB）的输入参数、S7 GRAPH 功能块（FB）的输出参数分别如表 9-5 和表 9-6 所示。

图 9-25　S7 GRAPH 功能块的参数集

表 9-5　S7 GRAPH 功能块（FB）的输入参数

名　　称	数据类型	参数说明	最小参数集	标准参数集	最大参数集	自定义参数集
EN	BOOL	使能输入，控制 FI3 的执行，如果直接连接 EN，将一直执行 FB	√	√	√	√
OFF_SQ	BOOL	OFF_SEQUENCE：关闭顺序控制器，使所有的步变为非活动步		√	√	√
INIT_SQ	BOOL	INIT_SEQUENCE：激活初始步，复位顺序控制器	√	√	√	√
ACK_EF	BOOL	ACKNM_ERROR_FAUL：确认错误和故障，强制切换到下一步		√	√	√
REG_EF	BOOL	REGISISTRATE_ERROR_FAUL：记录所有的错误和干扰				√
ACK_S	BOOL	ACKNOWLEDGE_STEP：确认在 S_NO 参数中指明的步				√
REG_S	BOOL	REGISISRATE_STEP：记录在 S_NO 参数中指明的步				√
HALT_SQ	BOOL	HALT_SEQUENCE：暂停方重新激活顺控器			√	√
HALT_TM	BOOL	HALT_TIMES：暂停分重新激活所有步的活动时间和顺控器与时间有关的命令（L 和 N）			√	√
ZERO_OP	BOOL	ZERO_OPERANDS：将活动步中 L，N 和 D 命令的操作数复位为 0，并且不执行动作/重新激活的操作数和 CALL 指令			√	√
EN_IL	BOOL	ENABLE_INTERLOCKS：禁止/重新激活互锁（顺控器就像互锁条件没有满足一样）			√	√
EN_SV	BOOL	ENABLE_SUPERVISIONS：禁止/重新激活监控（顺控器就像监控条件没有满足一样）			√	√
EN_ACKREQ	BOOL	ENABLE_ACKNOWLEDGE_REQUIRED：激活强制的确认请求				√
DISP_SACT	BOOL	DISPLAY_ACTIVE_STEPS：只显示活动步				√
DISP_SEF	BOOL	DISPLAY_STEPS_WITH_ERROR_OR_FAULT：只显示有错误和故障的步				√
DISP_SALL	BOOL	DISPLAY_ALL_STEPS：显示所有的步				√
S_PREV	BOOL	PREVIOUS_STEP：自动模式从当前活动步后退一步，步序号在 S_NO 中显示手动模式在 S_NO 参数中指明序号较低的前一步		√	√	√
S_NEXT	BOOL	NEXT_STEP：自动模式从当前活动步前进一步，步序号在 NO 中显示手动模式在又 NO 参数中显示下一步（下一个序号较高的步）		√	√	√
SW_AUTO	BOOL	SWITCH_MODE_AUTOMATIC：切换到自动模式		√	√	√
SW_TAP	BOOL	SWITCH_MODE_TRANSITION_AND_PUSH 切换到 Inching（半自动）模式		√	√	√
SW_TOP	BOOL	SWITCH_MODE_TRANSITION_OR_PUSH：切换到"自动或转向下一步"模式				√
SW_MAN	BOOL	SWITCH_MODE_MANUAL：切换到手动模式，不能触发自动执行		√	√	√
S_SEL	INT	STEP_SELECT：选择用于输出参数 S_ON 的指定的步，手动模式用 S_ON 和 S_OFF 激活或禁止步		√	√	√
S_SELOK	BOOL	STEP_SELECT_OK：将 S_SEL 中的数值用于 S_ON				√
S_ON	BOOL	STEP_ON：在手动模式激活显示的步		√	√	√
S_OFF	BOOL	STEP_OFF：在手动模式使显示的步变为非活动步		√	√	√
T_PREV	BOOL	PREVIOUS_TRANSITION：在 T_NO 参数中显示前一个有效的转换				√
T_NEXT	BOOL	NEXT_TRANSITION：在 T_NO 参数中显示下一个有效的转换				√
T_PUSH	BOOL	PUSH_TRANSITION：条件满足并且在 T_PUSH 的上升沿时转换实现，只用于单步和"Automatic or Step-by-step（SW_TOP）"模式；如果块是 V4 或更早的版本，第一个有效的转换将实现；如果块的版本为 V5 且设置了输入参数 T_NO，被显示编号的转换实现；否则第一个有效转换实现		√	√	√
EN_SSKIP	BOOL	ENABLE_STEP_SKIPPING：激活跳步				√

表 9-6　S7 GRAPH 功能块（FB）的输出参数

名　　称	数据类型	参　数　说　明	最小参数集	标准参数集	最大参数集	自定义参数集
ENO	BOOL	Enable output：使能输出，FB 被执行且没有出错，ENO 为 1，否则为 0	√	√	√	√
S_NO	INT	STEP_NUMBER：显示步的编号		√	√	√
S_MORE	BOOL	MORE_STEPS：有其他步是活动步		√	√	√
S_ACTIVE	BOOL	STEP_ACTIVE：被显示的步是活动步		√	√	√
S_TIME	TIME	STEP_TIME：步变为活动步的时间				√
S_TIMEOK	TIME	STEP_TIME_OK：在步的活动期内没有错误发生				√
S_CRITLOC	DWORD	STEP_CRITERIA：互锁标准位				√
S_CRITLOCERR	DWORD	S_CRITERIA_IL_LAST_ERROR：用于 L1 事件的互锁标准位				√
S_CRITSUP	DWORD	STEP_CRITERIA：监控标准位				√
S_STATE	WORD	STEP_STATE：步的状态位				√
T_NO	INT	TRANSITION_NUMBER：有效的转换编号				√
T_MORE	BOOL	MORE_TRANSITIONS：其他用于显示的有效转换				√
T_CRIT	DWORD	TRANSITION_CRITERIA：转换的标准位				√
T_CRITOLD	DWORD	T_CRITERIA_LAST_CYCLE：前一周期的转换标准位				√
T_CRITFLT	DWORD	T_CRITERIA_LAST_FAULT：事件 VI 的转换标准位				√
ERROR	BOOL	INTERLOCK_ERROR：任何一步的互锁错误				√
FAULT	BOOL	SUPERVISION_FAULT：任何一步的监控错误				√
ERR_FLT	BOOL	IL_ERROR_OR_SV_FAULT：组故障		√	√	√
SQ_ISOFF	BOOL	SEQUENCE_IS_OFF：顺控器完全停止（没有活动步）				√
SQ_HALTED	BOOL	SEQUENCE_IS_HALTED：顺控器暂停			√	√
TM_HALTED	BOOL	TIMES_ARE_HALTED：定时器停止			√	√
OP_ZEROED	BOOL	OPERANDS_ARE_ZEROED：操作数被复位			√	√
IL_ENABLED	BOOL	INTERLOCK_IS_ENABLED：互锁被使能			√	√
SV_ENABLED	BOOL	SUPERVISION_IS_ENABLED：监控被使能			√	√
ACKREQ_ENABLED	BOOL	ACKNOWLEDGE_REQUIRED_IS_ENABLED：强制的确认被激活				√
SSKIP_ENABLED	BOOL	STEP_SKIPPING_IS_ENABLED：跳步被激活				√
SACT_DISP	BOOL	ACTIVE_STEPS WEREDISPLAYED：只显示 S_NO 中的活动步				√
SEF_DISP	BOOL	STEPS_WITH_ERROR_FAULT_WERE_DISPLAYED：在 S_NO 参数中只显示出错的步和有故障的步				√
SALL_DISP	BOOL	ALL_STEPS_WERE_DISPLAYED：在 S_NO 参数中显示所有的步				√
AUTO_ON	BOOL	AUTOMATIC_IS_ON：显示自动模式		√	√	√
TAP_ON	BOOL	T_AND_PUSH_IS_ON：显示单步自动模式		√		√
TOP_ON	BOOL	T_OR_PUSH_IS_ON：显示 SW_TOP 模式			√	√
MAN_ON	BOOL	MANUAL_IS_ON：显示手动模式		√	√	√

2. 在主程序中调用功能块

完成了对 S7 GRAPH 程序 FB 的编辑后，将在 SIMATIC 管理器中生成 FB 的背景数据块 DB。打开"Block"文件夹，单击"OB1"图标打开梯形图编辑器。选中网络中水平线，打开编辑器左侧浏览窗口的"FB blocks"文件夹，用鼠标双击 FB 图标，编辑器右侧窗口中将出现 FB 的方框，在方框上方输入 FB 的背景数据块 DB 的名称，保存 OB1，在主程序中调用功能块如图 9-26 所示。

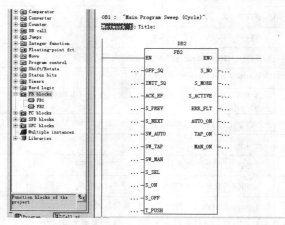

图 9-26　在主程序中调用功能块

9.5　技能训练 1　洗车的控制

顺序控制是区别于组合逻辑控制的另外一种控制方式，比较适合流水作业式的工业控制系统。下面通过对洗车控制系统和罐装生产线控制系统的设计与调试，说明如何用梯形图语言及 S7 GRAPH 语言设计顺序控制系统。

图 9-27 为洗车控制系统布置图，系统设置"自动"和"手动"两种控制方式，能够实现对汽车的自动或手动清洗。

9.5.1　控制要求

图 9-27　洗车控制系统布置图

洗车过程包含 3 道工艺：泡沫清洗、清水冲洗和风干。若选择开关置于"手动"方式，按起动按钮，执行泡沫清洗→按冲洗按钮后执行清水冲洗→按风干按钮后风干→按结束按钮结束洗车作业；若选择方式开关置于"自动"方式，按起动按钮，则自动执行洗车流程（泡沫清洗 20s→清水冲洗 30s→风干 15s→结束→回到待洗状态）。洗车过程结束需响铃提示，任何时候按下停止按钮 S_Stop，则立即停止洗车作业。

9.5.2　任务分析

分析系统的工作过程，由于"手动"和"自动"工作方式只能选择其一，因此使用选择分支来实现，洗车系统顺序功能图如图 9-28 所示。初始状态为 S1，待洗状态用 S2 表示；

洗车作业流程包括泡沫清洗、清水冲洗、风干 3 个工序，因此在"自动"和"手动"方式下可分别用 3 个状态来表示。自动方式使用 S3～S5，手动方式使用 S6～S8。洗车作业完成状态使用 S9、S10。

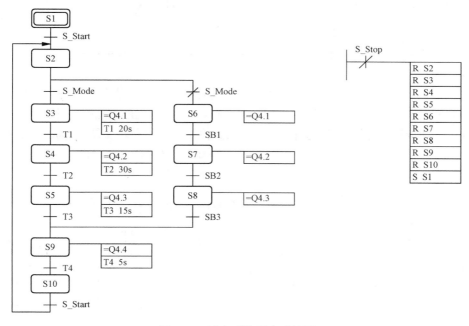

图 9-28　洗车系统顺序功能图

为了保证按停止按钮时系统中的所有设备都能够立即停机，需在顺序功能图之外设计停机控制程序。

9.5.3　任务实施

1．PLC 系统资源分配

洗车控制系统元件分配表如表 9-7 所示。

表 9-7　洗车控制系统元件分配表

符　号	元件地址	说　　明	符　号	元件地址	说　　明
S_Mode	I0.0	方式选择开关，"1"自动；"0"手动	S4	M10.3	步序 4
			S5	M10.4	步序 5
S_Start	I0.1	起动按钮，常开	S6	M10.5	步序 6
S_Stop	I0.2	停止按钮，常闭	S7	M10.6	步序 7
SB1	I0.3	清水冲洗按钮，常开	S8	M10.7	步序 8
SB2	I0.4	风干按钮，常开	S9	M11.0	步序 9
SB3	I0.5	结束按钮，常开	S10	M11.1	步序 10
KM1	Q4.1	控制泡沫清洗电动机		M0.0	Q4.1 的输出缓冲
KM2	Q4.2	控制清水冲洗电动机		M0.1	
KM3	Q4.3	控制风干机		M0.2	Q4.2 的输出缓冲

符　号	元件地址	说　明	符　号	元件地址	说　明
HA	Q4.4	声光提示器	M0.3		Q4.2 的输出缓冲
S1	M10.0	初始步	M0.4		Q4.3 的输出缓冲
S2	M10.1	步序 2	M0.5		
S3	M10.2	步序 3			

2．程序设计

编写程序时，将顺序功能图转换为梯形图，并放置在一个功能（FC）子程序中，选择分支流程的梯形图实现如图 9-29～图 9-31 所示。在 OB1 中调用顺序功能图并编写停止控制程序，如图 9-32 所示。这样在系统运行期间，只要按停止按钮，立即设置初始状态 S1 并将其他状态（S2～S10）复位。在启动组织块 OB100 中对系统进行初始化，如图 9-33 所示。

FC1 ：洗车控制流程

Network 1：由S1→S2（进入待洗状态）

Network 2：由S2→S3（S2的选择分支1：自动方式）

Network 3： 执行S3的命令：泡沫清洗20s

Network 4：由S3→S4

Network 5：执行S4的命令：清水冲洗30s

Network 6：由S4→S5

Network 7：执行S5的命令：风干15s

Network 8：由S5→S9（S2的选择分支1汇合）

图 9-29　选择分支流程的梯形图实现（分支 1）

190

Network 9：由S2→S6（S2的选择分支2：手动方式）

```
   I10.1        I0.0                    I10.5
   "S2"         模式开关                 "S6"
                "S_Mode"
   ──┤├──────────┤/├──────┬───────────────(S)──
                          │
                          │            I10.1
                          │            "S2"
                          └───────────────(R)──
```

Network 10：执行S6的动作：泡沫清洗

```
   I10.5
   "S6"                                  M0.1
   ──┤├─────────────────────────────────( )──
```

Network 11：由S6→S7

```
   I10.5        I0.3                    I10.6
   "S6"         "SB1"                   "S7"
   ──┤├──────────┤├──────┬────────────────(S)──
                         │
                         │             I10.5
                         │             "S6"
                         └────────────────(R)──
```

Network 12：执行S7的动作：清水冲洗

```
   I10.6
   "S7"                                  M0.3
   ──┤├─────────────────────────────────( )──
```

Network 13：由S7→S8

```
   I10.6        I0.4                    I10.7
   "S7"         "SB2"                   "S8"
   ──┤├──────────┤├──────┬────────────────(S)──
                         │
                         │             I10.6
                         │             "S7"
                         └────────────────(R)──
```

Network 14：执行S8的命令：风干

```
   I10.7
   "S8"                                  M0.5
   ──┤├─────────────────────────────────( )──
```

Network 15：由S8→S9（S2的选择分支2汇合）

```
   I10.7        I0.5                    I11.0
   "S8"         "SB3"                   "S9"
   ──┤├──────────┤├──────┬────────────────(S)──
                         │
                         │             I10.7
                         │             "S8"
                         └────────────────(R)──
```

Network 16：执行S9的命令：声光提示

```
   I11.0
   "S9"                                  Q4.4
   ──┤├──────┬──────────────────────────( )──
             │
             │                         T4
             └────────────────────────(SD)──
                                      S5T#5S
```

Network 17：由S9→S10

```
   I11.0                               I11.1
   "S9"         T4                     "S10"
   ──┤├──────────┤├──────┬────────────────(S)──
                         │
                         │             I11.0
                         │             "S9"
                         └────────────────(R)──
```

Network 18：由S10→S1（待命）

```
                I0.1
                起动按钮（
                常开）
   I11.1        "S_Start"               I10.0
   "S10"                                "S1"
   ──┤├──────────┤├──────┬────────────────(S)──
                         │
                         │             I11.1
                         │             "S10"
                         └────────────────(R)──
```

图 9-30 选择分支流程的梯形图实现（分支2）

Network 19：输出：泡沫清洗电动机

Network 20：输出：清水冲洗电动机

Network 21：输出：风干机

图 9-31　选择分支流程的梯形图实现（输出控制）

OB1： "Main Program Sweep (Cycle)"
Network 1：调用顺序功能图子程序

Network 2：集中将S1置"1"，S2～S10置"0"

图 9-32　在 OB1 中调用顺序功能图并编写停止控制程序

OB100： "Complete Restart"
Network 1：设置初始状态S1，并集中将S2～S10置"0"

图 9-33　在 OB100 中设置初始步

在 OB1 和 OB100 程序中，MW10 由 MB10（高字节）和 MB11（低字节）组成，而 S1～S10 分别与 M10.0～M11.1 对应。当系统为初始状态时 S1=1，对应的 M10.0=1，用 MW10 表示的数据为 W#16#100。

9.5.4　方案调试

系统采用仿真调试。首先打开仿真工具 PLCSIM，然后将硬件配置数据及 OB1、FC1、OB100 下载到 PLC，在 PLCSIM 窗口内添加 IB0、QB4、MB10 及 MB11 等变量并进行符号表的匹配。打开 FC1 并切换到监视状态，将 PLC 置"RUN"模式，然后按表 9-8 准备调试数据，并记录调试结果。

表 9-8　洗车控制系统调试数据

步骤	操作前的状态				需手动操作的对象	活动步	操作后的状态（参考）			
	Q4.1	Q4.2	Q4.3	Q4.4			Q4.1	Q4.2	Q4.3	Q4.4
1	0	0	0	0	勾选 I0.0 和 I0.2，勾选 I0.1 并取消	S3	1	0	0	0
2	1	0	0	0	20s 后	S4	0	1	0	0
3	0	1	0	0	30s 后	S5	0	0	1	0
4	0	0	1	0	15s 后	S9	0	0	0	1
5	0	0	0	1	5s 后	S10	0	0	0	0
6	0	0	0	0	取消勾选 I0.0，勾选 I0.1 并取消	S6	1	0	0	0

步骤	操作前的状态				需手动操作的对象	活动步	操作后的状态（参考）			
	Q4.1	Q4.2	Q4.3	Q4.4			Q4.1	Q4.2	Q4.3	Q4.4
7	1	0	0	0	勾选 I0.3 并取消	S7	0	1	0	0
8	0	1	0	0	勾选 I0.4 并取消	S8	0	0	1	0
9	0	0	1	0	勾选 I0.5 并取消	S9	0	0	0	1
10	0	0	0	1	5s 后	S10	0	0	0	0
11	0	0	0	0	勾选 I0.0 和 I0.2，勾选 I0.1 并取消	S3	1	0	0	0
12	1	0	0	0	20s 后	S4	0	1	0	0
13	0	1	0	0	取消然后再勾选 I0.2	S1	0	0	0	0
14	0	0	0	0	勾选 I0.1 并取消	S3	1	0	0	0

9.6 技能训练 2 饮料灌装生产线的控制

图 9-34 为某饮料灌装生产线的简化示意图，在传送带上设有灌装工位和封盖工位，能自动完成饮料的灌装及封盖操作。

图 9-34 某饮料灌装生产线的简化示意图

9.6.1 控制要求

传送带由电动机 M1 驱动，传送带上设有定位传感器 B1、灌装工位工件传感器 B2 和封盖工位工件传感器 B3。在封盖工位上有 A 缸和 B 缸两个单独作用的汽缸，在 A 缸上有两个位置传感器，A 缸伸出到位时 B4 动作，A 缸缩回到位时 B5 动作；在 B 缸上设有 1 个传感器，当 B 缸伸出到位时 B6 动作。

按起动按钮传送带开始转动，若定位传感器 B1 动作，表示饮料瓶已到达一个工位，传送带应立即停止，此时如果在灌装工位上有饮料瓶，则由电磁阀 YV 对饮料瓶进行 3s 定时灌装。如果在封盖工位上有饮料瓶，则执行封盖操作：首先 B 缸将瓶盖送出，B6 动作时表示瓶盖已送到位，然后 A 缸开始执行封压；当 B4 动作时，表示瓶盖已压到位，1s 后 A 缸缩回；当 B5 动作时表示 A 缸已缩回到位，然后 B 缸缩回，1s 后传送带转动。任何时候按停止按钮，应立即停止正在执行的工作：传送带电动机停止、电磁阀关闭、汽缸归位。

9.6.2 任务分析

分析上述要求，由于饮料的灌装与封盖是同时进行，而且动作时间并不相同，因此应使用并进分支流程设计灌装生产线的顺序功能图，如图 9-35 所示。系统设计 12 个状态：S1 初始状态、S2 传送带动作，S3～S5 灌装过程控制，S6～S12 封盖过程控制。

图 9-35　使用并进分支流程设计灌装生产线的顺序功能图

9.6.3 任务实施

1. PLC 系统资源分配

饮料灌装生产线控制系统元件分配表如表 9-9 所示。

表 9-9　饮料灌装生产线控制系统元件分配表

符号	元件地址	说明	符号	元件地址	说明
S_Start	I0.0	起动按钮，常开	S1	M10.0	初始步
S_Stop	I0.1	停止按钮，常闭	S2	M10.1	步序 2
B1	I0.2	传送带定位传感器	S3	M10.2	步序 3
B2	I0.3	灌装工位检测传感器	S4	M10.3	步序 4
B3	I0.4	封盖工位检测传感器	S5	M10.4	步序 5
B4	I0.5	汽缸 A 伸出到位	S6	M10.5	步序 6
B5	I0.6	汽缸 A 缩回到位	S7	M10.6	步序 7
B6	I0.7	汽缸 B 伸出到位	S8	M10.7	步序 8
KM1	Q4.0	控制传送带电动机 M1	S9	M11.0	步序 9
YV	Q4.1	电磁阀	S10	M11.1	步序 10
Y1	Q4.2	控制单作用汽缸 A	S11	M11.2	步序 11
Y2	Q4.3	控制单作用汽缸 B	S12	M11.3	步序 12

2. 程序设计

编写程序时，可将顺序功能图放置在一个功能（FC）或功能块（FB）子程序中，并进分支流程的梯形图实现如图 9-36 所示；在启动组织块 OB100 中对系统进行初始化，如

图 9-37 所示。在 OB1 中调用顺序功能图并实现停止控制程序，如图 9-38 所示，在系统运行期间，只要按停止按钮，立即设置初始状态 S1 并将其他状态（S2～S12）复位。

FC1：饮料灌装控制流程

Network 1：由S1→S2

Network 2：执行S2的命令：传送带转动

Network 3：由S2→S3、S6（并进分支开始）

Network 4：由S3→S4（S3的选择分支1）

Network 5：执行S4的命令：打开电磁阀3s灌装

Network 6：由S4→S5（S3的选择分支1汇合）

Network 7：由S3→S5（S3的选择分支2直接汇合）

Network 8：由S6→S7（S6的选择分支1）

Network 9：执行S7的命令：由气缸B送出瓶盖

Network 10：由S7→S8

Network 11：执行S8的命令：气缸A下压瓶盖

Network 12：由S8→S9

Network 13：执行S9的命令：延时1s

Network 14：由S9→S10

图 9-36　并进分支流程的梯形图实现

图 9-36　并进分支流程的梯形图实现（续）

图 9-37　在 OB100 中设置初始步

图 9-38　在 OB1 中调用顺序功能图并实现停止控制程序

9.6.4　方案调试

系统采用仿真调试。首先打开仿真工具 PLCSIM，然后将硬件配置数据及 OB1、FC1、OB100 下载到 PLC，在 PLCSIM 窗口内添加 IB0、QB4、MB10 及 MB11 等观察变量并进行符号表的匹配。打开 FC1 并切换到监视状态，将 PLC 置 "RUN" 模式，然后按表 9-10 准备调试数据，并记录调试结果。

表 9-10 灌装生产线控制系统调试数据

步骤	操作前的状态				需手动操作的对象	活 动 步	操作后的状态（参考）			
	Q4.0	Q4.1	Q4.2	Q4.3			Q4.0	Q4.1	Q4.2	Q4.3
1	0	0	0	0	勾选 I0.1，勾 I0.0 并取消	S2	1	0	0	0
2	1	0	0	0	勾选 I0.2（B1）然后取消	S3、S6	0	0	0	0
3	0	0	0	0	勾选 I0.3（B2）、I0.4（B3）	S4、S7	0	1	0	1
4	0	1	0	1	3s 后	S5、S7	0	0	0	1
5	0	0	0	1	勾选 I0.7（B6），取消 I0.4	S5、S8	0	0	1	1
6	0	0	1	1	勾选 I0.5（B4）	S5、S9	0	0	1	1
7	0	0	1	1	1s 后	S5、S10	0	0	0	1
8	0	0	0	1	勾选 I0.6（B5），取消 I0.5	S5、S11	0	0	0	0
9	0	0	0	0	1s 后	S2	1	0	0	0
10	1	0	0	0	取消 I0.1（S_Stop）	S1	0	0	0	0
11	0	0	0	0	勾选 I0.1	S1	0	0	0	0
12	0	0	0	0	勾选 I0.0 然后取消	S2	1	0	0	0

9.7 习题

1. 用顺序功能图设计第 5 章第 4 题中的小车控制程序。

2. 用顺序功能图并行性分支设计第 4 章第 14 题中的十字路口交通灯控制程序。

3. 设计运料小车控制程序，要求如下：开始时小车停在原位（SQ1 处），当按下起动按钮（SB1）时，小车前进（KM1）；当运行到料斗下方（SQ2 处）时，小车停止前进，料斗底门（YV1）打开加料，延时 10s 料斗底门关闭；小车后退（KM2）至 SQ1 处停止，开门卸料（KM2），8s 后卸料完毕关门，开始下一个循环。按下停止按钮（SB2），小车完成本次循环停在原位。

4. 设计电动葫芦提升机构的动负载试验的程序，要求如下：当按下起动按钮 SB 时，上升 5s 后停 7s，然后下降 5s，再停 7s。反复运行 30min，停止运行，并发出声光报警信号。

5. 设计工业洗衣机的控制程序，要求如下：当按下起动按钮 SB 时，开始进水；水位到达高水位时停止进水，开始洗涤，正转 15s，暂停 3s，然后反转 15s，暂停 3s，完成一个小循环；完成 3 次小循环后开始排水，水位下降到低水位时开始脱水，同时继续排水，脱水 10s 后完成一个大循环；大循环完成 3 次，则发出声光报警 10s，提醒取衣物，控制过程结束。

6. 图 9-39 是由 3 条传送带和料斗组成的物料三级输送系统工艺流程图。为防止物料堆积，要求按下起动按钮后，首先 3 号传送带开始工作，2s 后 2 号传送带自动起动，再过 2s 后 1 号传送带自动起动，再过 2s 后料斗底门打开。按停止按钮后，停机的顺序与起动的顺序相反，间隔为 2s。试进行 PLC 端口分配，并设计控制梯形图。如果起动中途按下停止按钮，尚未起动的电动机不再起动，起动后的传送带按照起动的顺序逆序停止。试用顺序功能图进行 PLC 程序设计、调试。

图 9-39 由 3 条传送带和料斗组成的物料三级输送系统工艺流程图

第10章 PLC 通信

10.1 西门子 PLC 网络

西门子 PLC 网络结构示意图如图 10-1 所示。

图 10-1 西门子 PLC 网络结构示意图

为了满足在单元层（时间要求不严格）和现场层（时间要求严格）的不同要求，西门子公司提供了 MPI、PROFIBUS DP、PROFINET、PtP、ASI 等多种通信协议。

1）MPI 网络可用于单元层，它是 SIMATIC S7 和 C7 的多点通信接口。MPI 本质上是一个 PG 接口，它被设计用来连接 PG（为了启动和测试）和 OP（人机接口）。MPI 网络只能用于连接少量的 CPU。

2）工业以太网（Industrial Ethernet）是一个开放的用于工厂管理和单元层的通信系统。工业以太网被设计为对时间要求不严格，用于传输大量数据的通信系统，可以通过网关设备来连接远程网络。

3）工业现场总线（PROFIBUS）是开放的用于单元层和现场层的通信系统，有两个版本：对时间要求不严格的 PROFIBUS PA，用于连接单元层上对等的智能节点；对时间要求严格的 PROFIBUS DP，用于智能主机和现场设备间的循环的数据交换。

4）点到点连接（Point-to-Point connections，PtP）通常用于对时间要求不严格的数据交换，可以连接两个站或 OP、打印机、条码扫描器以及磁卡阅读机等。

5）执行器-传感器-接口（Actuator-Sensor-Interface，ASI）是位于自动控制系统最底层的网络，可以将二进制传感器和执行器连接到网络上。

10.2 PROFIBUS 总线技术

PROFIBUS 是 Process Fieldbus 的缩写，是一种国际性开放式的现场总线标准，能够以标准方式应用于包括制造业、流程业及混合自动化领域并贯穿整个工艺过程的单一现场总线技术。它具有独特的技术特点、严格的认证规范、开放的标准、众多厂商的支持和不断发展的应用行规，已发展成为很重要的现场总线标准。PROFIBUS 总线 1987 年由 Siemens 等 13 家企业和 5 家研究机构联合开发，1989 年批准为德国工业标准 DIN 19245，1996 年批准为欧洲标准 EN 50170 V.2（PROFIBUS-FMS/-DP），1998 年 PROFIBUS-PA 批准纳入 EN 50170 V.2，1999 年 PROFIBUS 成为国际标准 IEC 61158 的组成部分（Type Ⅲ），2001 年批准成为中国的行业标准 JB/T 10308.3—2001，2006 年 11 月正式被确定为中国工业通信领域现场总线技术国家标准 GB/T 20540—2006。

10.2.1 PROFIBUS 的组成

PROFIBUS 根据应用特点可分为 PROFIBUS DP、PORFIBUS FMS 和 PROFIBUS PA 3 个兼容版本。

1. 分布式外部设备（Decentralized Periphery，PROFIBUS DP）

PROFIBUS DP 是一种高速低成本数据传输，用于自动化系统中单元级控制设备与分布式 I/O（如 ET 200）的通信。主站之间的通信为令牌方式，主站与从站之间为主从轮询方式，以及这两种方式的混合。一个网络中有若干个被动节点（从站），而它的逻辑令牌只含有一个主动令牌（主站），这样的网络为纯主-从系统，图 10-2 所示为典型的 PROFIBUS DP 总线配置是以此种总线存取程序为基础，一个主站轮询多个从站。

图 10-2 典型 PROFIBUS DP 总线配置系统组成

2. 过程自动化（Process Automation，PROFIBUS-PA）

PROFIBUS-PA 用于过程自动化的现场传感器和执行器的低速数据传输，使用扩展的 PROFIBUS DP 协议，传输技术采用 IEC 1158-2 标准，可用于防爆区域的传感器和执行器与中央控制系统的通信，使用屏蔽双绞线电缆，由总线提供电源。

一个典型的 PROFIBUS-PA 系统配置如图 10-3 所示。

图 10-3　一个典型的 PROFIBUS-PA 系统配置

3．现场总线报文规范（Fieldbus Message Specification，PROFIBUS-FMS）

PROFIBUS-FMS 可用于车间级监控网络，FMS 提供大量的通信服务，用以完成中等级传输速度进行的循环和非循环的通信服务。对于 FMS 而言，它考虑的主要是系统功能而不是系统响应时间，应用过程中通常要求的是随机的信息交换，如改变设定参数等。FMS 服务向用户提供了广泛的应用范围和更大的灵活性，通常用于大范围、复杂的通信系统。

图 10-4 所示为一个典型的 PROFIBUS-FMS 系统配置由各种智能自动化单元组成，如PC、作为中央控制器的 PLC、作为人机界面的 HMI 等。

图 10-4　一个典型的 PROFIBUS-FMS 系统配置由各种智能自动化单元组成

10.2.2　PROFIBUS 协议结构

PROFIBUS 协议以 ISO/OSI 参考模型为基础，其协议结构图如图 10-5 所示。第 1 层为物理层，定义了物理的传输特性；第 2 层为数据链路层；第 3～6 层 PROFIBUS 未使用；第7 层为应用层，定义了应用的功能。

PROFIBUS DP 是高效、快速的通信协议，它使用了第 1 层、第 2 层及用户接口，第 3～7 层未使用。这种简化的结构确保了 DP 快速、高效的数据传输。直接数据链路映像程序（DDLM）提供了访问用户接口。在用户接口中规定了用户和系统可以使用的应用功能及各种 DP 设备类型的行为特性。

图 10-5   协议结构图

PROFIBUS-FMS 是通用的通信协议，它使用了第 1、2、7 层，第 7 层由现场总线规范（FMS）和低层接口（LLI）所组成。FMS 包含了应用层协议，提供了多种强有力的通信服务，FMS 还提供了用户接口。

10.2.3   传输技术

PROFIBUS 总线符合 EIA RS-485[8]标准。PROFIBUS 使用两端有终端的总线拓扑结构，保证在运行期间，接入和断开一个或多个站时，不会影响其他站的工作，两端有终端的总线拓扑结构如图 10-6 所示。

注：中继器没有站地址，但它们被计算在每段的最多站数中。

图 10-6   两端有终端的总线拓扑

PROFIBUS 使用 3 种传输技术：PROFIBUS DP 和 PROFIBUS FMS 采用相同的传输技术，可使用 RS-485 屏蔽双绞线电缆传输或光纤传输；PROFIBUS PA 采用 IEC 1158-2 传输技术。

1．RS-485

PROFIBUS RS-485 的传输程序是以半双工、异步及无间隙同步为基础，传输介质可以是屏蔽双绞线或光纤。

RS-485 若采用屏蔽双绞线进行电气传输，不用中继器时，每个 RS-485 段最多连接 32 个站；用中继器时，可扩展到 126 个站，传输速度为 9.6kbit/s～12Mbit/s，电缆的长度为 100～1200m。电缆的最大长度与传输速率有关，传输速率与电缆长度的关系如表 10-1 所示。

表 10-1　传输速率与电缆长度的关系

传输速率/（kbit/s）	9.6～93.75	187.5	500	1500	3000～12000
电缆长度/m	1200	1000	400	200	100

2．光纤

为了适应强度很高的电磁干扰环境或使用高速远距离传输，PROFIBUS 可使用光纤传输技术。使用光纤传输的 PROFIBUS 总线段可以设计成星形或环形结构。现在市面上已经有 RS-485 传输链接与光纤传输链接之间的耦合器，这样就实现了系统内 RS-485 和光纤传输之间的转换。

3．IEC 1158-2

IEC 1158-2 协议规定，在过程自动化中使用固定速率 31.25kbit/s 进行同步传输，它考虑了应用于化工和石化工业时对安全的要求。在此协议下，通过采用具有本质安全和双线供电技术，PROFIBUS 就可以用于危险区域了，IEC 1158-2 传输技术的主要特性如表 10-2 所示。

表 10-2　IEC 1158-2 传输技术的主要特性

服　　务	功　　能	PROFIBUS DP	PROFIBUS FMS
SDA	发送数据需应答		√
SRD	发送和请求数据需应答	√	√
SDN	发送数据无应答	√	√
CSRD	循环发送和请求数据需应答		√

10.2.4　PROFIBUS 总线连接器

PROFIBUS 总线连接器用于连接 PROFIBUS 站与 PROFIBUS 电缆实现信号传输，一般带有内置的终端电阻，PROFIBUS 总线连接器如图 10-7 所示。

图 10-7　PROFIBUS 总线连接器

10.2.5　PROFIBUS 介质存取协议

PROFIBUS 通信规程采用了统一的介质存取协议，此协议由 OSI 参考模型的第 2 层来实现。在 PROFIBUS 协议的设计时必须考虑满足介质存取控制的两个要求。

1）在主站间通信时，必须保证在正确的时间间隔内，每个主站都有足够的时间来完成它的通信任务。

2）在 PLC 与从站（PLC 外设）间通信时，必须快速、简捷地完成循环，实时地进行数据传输。为此，PROFIBUS 提供了两种基本的介质存取控制：令牌传递方式和主从方式。

令牌传递方式可以保证每个主站在事先规定的时间间隔内都能获得总线的控制权。令牌是一种特殊的报文，它在主站之间传递着总线控制权，每个主站均能按次序获得一次令牌，传递的次序是按地址升序进行的。主从方式允许主站在获得总线控制权时与从站进行通信，每一个主站均可以向从站发送或获得信息。

使用上述的介质存取方式，PROFIBUS 可以实现以下 3 种系统配置。

1）纯主-从系统（单主站）。单主系统可实现最短的总线循环时间。以 PROFIBUS DP 系统为例，一个单主系统由一个 DP-1 类主站和 1～125 个 DP-从站组成，PROFIBUS 纯主-从系统（单主站）如图 10-8 所示。

图 10-8　PROFIBUS 纯主-从系统（单主站）

2）纯主-主系统（多主站）。若干个主站可以用读功能访问一个从站。以 PROFIBUS DP 系统为例，多主系统由多个主设备（1 类或 2 类）和 1～124 个 DP-从设备组成，PROFIBUS 纯主-主系统（多主站）如图 10-9 所示。

图 10-9　PROFIBUS 纯主-主系统（多主站）

3）以上两种配置的组合系统（多主-多从）。图 10-10 是一个由 3 个主站和 7 个从站构成的 PROFIBUS 多主-多从系统结构的示意图。

图 10-10　一个由 3 个主站和 7 个从站构成的 PROFIBUS 多主-多从系统结构的示意图

由图 10-10 可以看出，3 个主站构成了一个令牌传递的逻辑环，在这个环中，令牌按照系统预先确定的地址顺序从一个主站传递给下一个主站。当一个主站得到了令牌后，它就能在一定的时间间隔内执行该主站的任务，可以按照主-从关系与所有从站通信，也可以按照主-主关系与所有主站通信。在总线系统建立的初期阶段，主站介质存取控制（MAC）的任务是决定总线上的站点分配并建立令牌逻辑环；在总线的运行期间，损坏的或断开的主站必须从环中撤除，新接入的主站必须加入逻辑环；MAC 的其他任务是检测传输介质和收发器是否损坏，站点地址是否出错，以及令牌是否丢失或出现多个令牌。

PROFIBUS 第 2 层的另一个重要作用是保证数据的安全性。它按照国际标准 IEC 870-5-1 的规定，通过使用特殊的起始符和结束符、无间距字节异步传输以及奇偶校验来保证传输数据的安全。它按照非连接的模式操作，除了提供点对点通信功能外，还提供多点通带的功能、广播通信和有选择的广播组播。所谓广播通信，即主站向所有站点（主站和从站）发送信息，不要求回答。所谓有选择的广播组播，是指主站向一组站点（主站和从站）发送信息，不要求回答。

10.3　PROFIBUS DP 设备分类

PROFIBUS DP 在整个 PROFIBUS 应用中，应用最多、最广泛，可以连接不同厂商符合 PROFIBUS DP 协议的设备。PROFIBUS DP 定义 3 种设备类型。

10.3.1　DP-1 类主设备（DPM1）

DP-1 类主设备（DPM1）可构成 DP-1 类主站。这类设备是一种在给定的信息循环中与分布式站点（DP 从站）交换信息，并对总线通信进行控制和管理的中央控制器。典型的设备有可编程序控制器（PLC），微机数值控制（CNC）或计算机（PC）等。

10.3.2　DP-2 类主设备（DPM2）

DP-2 类主设备（DPM2）可构成 DP-2 类主站。这类设备在 DP 系统初始化时用来生成系统配置，是 DP 系统中组态或监视工程的工具。除了具有 1 类主站的功能外，还可以读取 DP 从站的输入/输出数据和当前的组态数据，可以给 DP 从站分配新的总线地址。属于这一类的装置包括编程器、组态装置和诊断装置、上位机等。

10.3.3　DP-从设备

DP-从设备可构成 DP 从站。这类设备是 DP 系统中直接连接 I/O 信号的外围设备。典型 DP-从设备有分布式 I/O、ET 200、变频器、驱动器、阀及操作面板等。根据它们的用途和配置，可将 SIMATIC S7 的 DP 从站设备分为以下几种。

（1）紧凑型 DP 从站

紧凑型 DP 从站具有不可更改固定结构的输入和输出区域。ET 200B 电子终端系列（B 代表 I/O 块）就是紧凑型 DP 从站。

（2）模块式 DP 从站

模块式 DP 从站具有可变的输入和输出区域，可以用 SIMATIC Manager 的 HW config 工具进行组态。ET 200M 是模块式 DP 从站的典型代表，可使用 S7-300 全系列模块，最多可有 8 个 I/O 模块，连接 256 个 I/O 通道。ET 200M 需要一个 ET 200M 接口模块（IM 153）与 DP 主站连接。

（3）智能 DP 从站

在 PROFIBUS DP 系统中，带有集成 DP 接口的 CPU，或 CP342-5 通信处理器可用作智能 DP 从站，简称"I 从站"。智能从站提供给 DP 主站的输入/输出区域不是实际的 I/O 模块使用的 I/O 区域，而是从站 CPU 专用于通信的输入/输出映像区。

在 DP 网络中，一个从站只能被一个主站控制，这个主站是这个从站的 1 类主站；如果网络上还有编程器和操作面板控制从站，这个编程器和操作面板是这个从站的 2 类主站。另外一种情况，在多主网络中一个从站只有一个 1 类主站，1 类主站可以对从站执行发送和接收数据操作，其他主站只能可选择接收从站发给 1 类主站的数据，这样的主站也是这个从站的 2 类主站，它不直接控制该从站。PROFIBUS DP 各种站的基本功能如图 10-11 所示。

图 10-11　PROFIBUS DP 各种站的基本功能

10.4 CPU 31x-2DP 之间的 DP 主从通信

CPU 31x-2DP 是指集成有 PROFIBUS DP 接口的 S7-300 CPU，如 CPU 313C-2DP、CPU 315-2DP 等。下面以两个 CPU 315-2DP 之间主从通信为例介绍连接智能从站的组态方法。该方法同样适用于 CPU 31x-2DP 与 CPU 41x-2DP 之间的 PROFIBUS DP 通信连接。

10.4.1 PROFIBUS DP 系统结构

PROFIBUS DP 系统结构如图 10-12 所示，系统由一个 DP 主站和一个智能 DP 从站构成。DP 主站由 CPU 315-2DP（6ES7 315-2AG10-0AB0）和 SM374 构成，DP 从站由 CPU 315-2DP（6ES7 315-2AG10-0AB0）和 SM374 构成。

图 10-12 PROFIBUS DP 系统结构

10.4.2 组态智能从站

在对两个 CPU 主-从通信组态配置时，原则上要先组态从站。

1. 新建 S7 项目

打开 SIMATIC Manager，执行菜单命令"File"→"New..."，创建一个项目。然后执行菜单命令"Insert"→"Station"→"SIMATIC 300 Station"，插入两个 S7-300 站，分别命名为 S7-300_Master 和 S7_300_Slave，创建 S7-300 主从站如图 10-13 所示。

图 10-13 创建 S7-300 主从站

2. 硬件组态

在 SIMATIC Manager 窗口内，单击 S7_300_Slave 图标，然后在右视窗内用鼠标双击 Hardware 图标，进入硬件组态窗口。在工具栏内单击 工具打开硬件目录，硬件组态如图 10-14 所示，按硬件安装次序依次插入机架、电源、CPU 和 SM374（需用其他信号模块代

207

替，如 SM323 DI8/DO8 24VDC 0.5A）等完成硬件组态。

S...			Module ...	Order number ...	F...	M...	I...	Q...	Comment
1			PS 307 5A	6ES7 307-1EA00-0AA0					
2			**CPU 315-2 DP**	**6ES7 315-2AG10-0AB0**	**V2.0**	2			
X2			*DP*				2047*		
3									
4			DI8/DO8x24V/0.5A	6ES7 323-1BH00-0AA0			0	0	
5									

图 10-14　硬件组态

插入 CPU 时会同时弹出 PROFIBUS 接口组态窗口。也可以插入 CPU 后，双击 DP 插槽，打开 DP 属性窗口，单击"Properties…"按钮进入 PROFIBUS 接口组态窗口。单击"New"按钮新建 PROFIBUS 网络，分配 PROFIBUS 站地址，本例设为 3 号站。单击"Properties…"按钮组态网络属性，选择"Network Settings 选项卡进行网络参数设置，如波特率、行规等。本例波特率为 1.5Mbit/s，行规为 DP，组态从站网络属性如图 10-15 所示。

图 10-15　组态从站网络属性

3. DP 模式选择

选中新建立的 PROFIBUS 网络，然后单击"Properties…"按钮进入"DP 属性"对话框，设置 DP 模式如图 10-16 所示。选择"Operating Mode"选项卡，激活"DP slave"操作模式。如果"Test，commissioning，routing"选项被激活，则意味着这个接口既可以作为 DP 从站，同时还可以通过这个接口监控程序，也可以用 STEP 7〈F1〉键的帮助功能查看详细信息。

图 10-16 设置 DP 模式

4．定义从站通信接口区

在 DP 属性设置对话框中，选择"Configuration"选项卡，打开 I/O 通信接口区属性设置窗口，单击"New…"按钮新建一行通信接口区，通信接口区设置如图 10-17 所示，可以看到当前组态模式为主-从（Master-slave configuration）。注意此时只能对本地（从站）进行通信数据区的配置。

图 10-17 通信接口区设置

1）在"Address type"区域选择通信数据操作类型，"Input"对应输入映像区（I），"Output"对应输出映像区（Q）。

2）在"Address"区域设置通信数据区的起地址，本例设置为"20"。

3）在"Length"区域设置通信区域的大小，最多 32 字节，本例设置为 4。

4）在"Unit"区域选择是按字节（byte）还是按字（word）来通信，本例选择"Byte"。

5）在"Consistency"选择"Unit"，则按在"Unit"区域中定义的数据格式发送，即按字节或字发送；选择"All"打包发送，每包最多 32B，通信数据大于 4B 时，应用 SFC14，SFC15。

　　设置完成后单击"Apply"按钮确认。同样可根据实际通信数据建立若干行，但最大不能超过244B。本例分别创建一个输入区和一个输出区，长度为4B，设置完成后可在"Configuration"选项卡中看到这两个通信接口区，从站通信接口区如图10-18所示。

图 10-18　从站通信接口区

10.4.3　组态主站

　　完成从站组态后，就可以对主站进行组态，基本过程与从站相同。在完成基本硬件组态后还需对 DP 接口参数进行设置，本例中将主站地址设为 2，并选择与从站相同的 PROFIBUS 网络"PROFIBUS（1）"。波特率以及行规与从站应设置相同（1.5Mbit/s，DP）。

　　然后在 DP 属性设置对话框中，切换到"Operating Mode"选项卡，选择"DP master"操作模式，设置主站 DP 模式如图 10-19 所示。

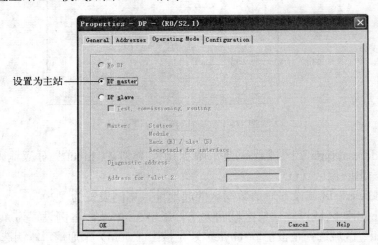

图 10-19　设置主站 DP 模式

10.4.4 连接从站

在硬件组态（HW Config）窗口中打开硬件目录，在"PROFIBUS DP"下选择"Configured Stations"文件夹，将 CPU 31x 拖拽到主站系统 DP 接口的 PROFIBUS 总线上，这时会同时弹出"DP 从站连接属性"对话框。选择要连接的从站后单击"Connect"按钮确认，连接 DP 从站如图 10-20 所示。如果有多个从站存在时，要一一连接。

图 10-20 连接 DP 从站

10.4.5 编辑通信接口区

连接完成后，单击"Configuration"选项卡，设置主站的通信接口区：从站的输出区与主站的输入区相对应，从站的输入区同主站的输出区相对应，编辑通信接口区如图 10-21 所示。本例分别设置一个 Input 区和一个 Output 区，其长度均为 4B。其中，主站的输出区 QB10～QB13 与从站的输入区 IB20～IB23 相对应；主站的输入区 IB10～IB13 与从站的输出区 QB20～QB23 相对应，通信数据区如图 10-22 所示。

确认上述设置后，在硬件组态（HW Config）窗口中，单击 按钮编译并存盘，编译无误后即完成主从通信组态配置，完成的网络组态如图 10-23 所示。

配置完以后，分别将配置数据下载到各自的 CPU 中初始化通信接口数据。

图 10-21 编辑通信接口区

图 10-22 通信数据区

图 10-23 完成的网络组态

10.4.6 简单编程

为避免网络上某个站点断电使整个网络不能正常工作,建议将 OB82、OB86、OB122 下载到 CPU 中,这样保证在 CPU 有上述中断触发时 CPU 仍可运行。相关 OB 的解释可以参照 STEP 7 帮助。

为了调试网络,可以在主站和从站的 OB1 中分别编写读/写程序,从对方读取数据。本例通过开关将主站和从站的仿真模块 SM374 设置为 DI 8/DO 8。这样可以在主站输入开关信号,然后在从站上显示主站中对应输入开关的状态;同样,在从站上输入开关信号,在主站中也可以显示从站上对应开关的状态。

控制操作过程:IB0(从站输入模块)→QB20(从站输出数据区)→IB10(主站输入数据区)→QB0(主站输出模块);IB0(主站输入模块)→QB10(主站输出数据区)→IB20(从站输入数据区)→QB0(从站输出模块)。

1)从站的读/写程序。

```
L    IB0         //读本地输入到累加器 1
T    QB20        //将累加器 1 中的数据送到从站通信输出映像区
L    IB20        //从从站通信输入映像区读数据到累加器 1
T    QB0         //将累加器 1 中的数据送到本地输出端口
```

2)主站的读/写程序。

```
L    IB0         //读本地输入读数据到累加器 1
T    QB10        //将累加器 1 中的数据送到主站通信输出映像区
L    IB10        //从主站通信输入映像区读数据到累加器 1
T    QB0         //将累加器 1 中的数据送到本地输出端口
```

10.5 PROFIBUS-DP 从站之间的 DX 方式通信

PROFIBUS-DP 通信是一个主站依次轮询从站的通信方式,该方式称为 MS(Master-Slave)模式。基于 PROFIBUS-DP 协议的 DX(Direct data exchange)通信,是在主站轮询从站时,从站除了将数据发送给主站,同时还将数据发送给已经组态的其他 DP 从站。通过 DX 方式可以实现 PROFIBUS 从站之间的数据交换,无须再在主站中编写通信和数据转移程序。系统中至少需要一台 PROFIBUS-1 类主站和两台 PROFIBUS 智能从站(如 S7-300 站、S7-400 站、带有 CPU 的 ET 200S 站或 ET 200X 站等)才能够实现 DX 模式的数据交换。下面以由 1 个主站和两个从站构成的 PROFIBUS 系统为例,介绍实现 DX 通信的过程。

10.5.1 PROFIBUS 系统结构

PROFIBUS 系统由 1 个 DP 主站和两个 DP 从站构成,PROFIBUS 系统结构如图 10-24 所示。

1)主站采用 CPU 314C-2DP。

2)接收数据的从站采用 CPU 315-2DP。

3）发送数据的从站由 1 个 CPU 315-2DP、1 个 8DI/8DO×DV24V 模块组成。

图 10-24　PROFIBUS 系统结构

10.5.2　建立工作站

启动 SIMATIC Manager，创建一个 S7 项目，并命名为"Profibus_DX"。执行菜单命令"Insert"→"Station"→"SIMATC 300 Station"，分别插入 1 个主站（命名为"Master"）、1 个接收数据的从站（命名为"Rec_Slave"）和 1 个发送数据的从站（命名为"Send_Slave"），建立 1 个主站和两个从站如图 10-25 所示。

图 10-25　建立 1 个主站和两个从站

10.5.3　组态发送数据的从站

单击从站"Send_Slave"，在右视窗中用鼠标双击 Hardware 图标，进入硬件配置窗口，按硬件安装次序依次插入机架 Rail、电源 PS307 5A、CPU 315-2DP（6ES7 315-2AG10-0AB0）、8DI/8DO×DV24V（6ES7 323-1BH01-0AA0）等。

组态从站网络属性如图 10-26 所示，插入 CPU 时会同时弹出 PROFIBUS 接口组态窗口。单击"New…"按钮新建 PROFIBUS 网络，将 PROFIBUS 站地址设为 3。单击"Properties…"按钮组态网络属性，选择"Network Setting"选项卡进行网络参数设置，波特率设为 1.5Mbit/s，行规设为 DP。最后单击"OK"按钮确认。

选中新建立的 PROFIBUS 网络，然后单击"Properties…"按钮进入"DP 属性"对话框，选择"Operating Mode"选项卡，激活"DP slave"操作模式。

在"DP 属性设置"对话框中，选择"Configuration"选项卡，打开 I/O 通信接口区属性设置窗口，单击"New…"按钮新建数据交换映射区，选择 Input 和 Output 区，设定地址和通信字节长度，数据一致性设置为 ALL。

图 10-26　组态从站网络属性

本例在发送数据的从站（3 号从站）中以 MS 模式建立了两个数据区：IB100～IB107 和 QB100～QB107，每个数据区的长度均为 8B，创建数据交换映射区如图 10-27 所示。

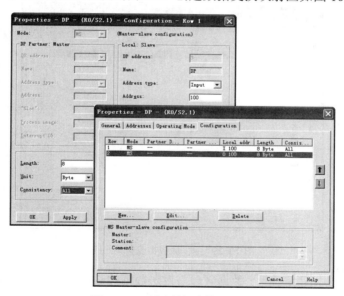

图 10-27　创建数据交换映射区

最后单击 按钮，对组态数据编译保存。

10.5.4　组态 DP 主站

按照上述方法组态主站：CPU 选用 CPU 314C-2DP，将 PROFIBUS 地址设为 2，波特率设为 1.5Mbit/s，行规设为 DP。在 DP 属性设置对话框中，切换到"Operating Mode"选项卡，选择"DP Master"操作模式。

10.5.5 连接从站

在硬件组态（HW Config）窗口中，打开硬件目录，选择"PROFIBUS DP"→"Configured Stations"子目录，将 CPU 31x 拖拽到连接主站 CPU 集成 DP 接口的 PROFIBUS 总线符号———————上，这时会同时弹出"DP 从站连接属性"对话框。选择要连接的从站后，单击"Connect"按钮确认。连接发送数据的从站如图 10-28 所示。

图 10-28　连接发送数据的从站

连接完成后，单击"Configuration"选项卡，设置主站的通信接口区：从站的输出区与主站的输入区相对应，从站的输入区同主站的输出区相对应，主-从数据交换区配置如图 10-29 所示。注意将数据通信的一致性设置为 ALL。

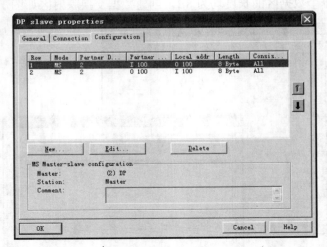

图 10-29　主-从数据交换区配置

本例在 DP 主站中配置了两个数据区，与发送数据的从站数据区之间的对应关系如下。

	DP 主站（2 号）	发送数据的从站（3 号）
MS 模式	IB100～IB107	QB100～QB107
MS 模式	QB100～QB107	IB100～IB107

10.5.6 组态接收数据的从站

按照与发送数据的从站（3 号从站）相同方法和配置组态接收数据的从站（4 号从站）。

在插入该从站 CPU 时创建 PROFIBUS 网络，注意将 PROFIBUS 地址设为 4，波特率设为 1.5Mbit/s，行规设为 DP，并在 Configuration 选项卡中新建两个数据交换区，分别设置为 MS（主-从）模式和 DX（直接交换）模式，建立 MS 和 DX 数据区如图 10-30 所示。设定 DX 模式下的通信交换区时，需要设定发送数据从站的站地址，本例为 3。

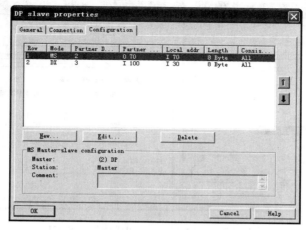

图 10-30　建立 MS 和 DX 数据区

本例在接收数据的从站中配置了两个数据区，分别与发送数据的从站和 DP 主站建立如下的数据交换关系。

	接收数据的从站（4 号）	DP 主站（2 号）
MS 模式	IB70～IB77	QB70～QB77
	接收数据的从站（4 号）	发送数据的从站（3 号）
DX 模式	IB30～IB37	QB100～QB107

对比数据区可以发现：发送数据的从站（3 号从站），其输出数据区 QB100～QB107 同时对应 DP 主站的输入数据区 IB100～IB107（MS 模式）及 4 号从站的输入数据区 IB30～IB37（DX 模式）。

组态完该从站后，再打开主站的硬件组态窗口，将第 2 个从站挂到 PROFIBUS 总线上去，完成后的 PROFIBUS 总线系统如图 10-31 所示。单击"Connect"按钮，建立主从站的连接。设定主站与从站的地址对应关系，并将数据一致性选为 ALL。

图 10-31　完成后的 PROFIBUS 总线系统

到此，系统的硬件组态完成，分别将各个站的组态信息下载到 PLC 中。

10.5.7　编写读/写程序

在数据发送从站的 OB1 中编写系统功能 SFC15 调用程序，并插入发送数据区 DB1，在发送从站的 OB1 中调用 SFC15 如图 10-32 所示。调用 SFC15 可向标准 DP 从站写连续数据，最大数据长度与 CPU 有关。可将由 RECORD 指定的数据（本例为从 DB1.DBX0.0 开始连续的 8B）连续传送到寻址的 DP 标准从站（本例为 4 号从站）中。

图 10-32　在发送从站的 OB1 中调用 SFC15

在数据接收从站中的 OB1 中编写系统功能 SFC14 调用程序，插入接收数据区 DB2，在接收从站的 OB1 中调用 SFC14 如图 10-33 所示。调用 SFC14 可读取标准 DP 从站（本例为 3 号从站）的连续数据，最大数据长度与 CPU 有关。如果数据传送中没有出现错误，则直接将读到的数据写入由 RECORD 指定的目的数据区（本例为从 DB2.DBX0.0 开始连续的 8B）中。目的数据区的长度应与在 STEP 7 中所配置的长度一致。

图 10-33　在接收从站的 OB1 中调用 SFC14

SFC14 和 SFC15 各参数的含义如下。

● LADDR：对应 MS、DX 模式下的 Local Addr 中的地址值，采用 16 进制格式，所以 W#16#64 对应 100，W#16#1E 对应 30。

● RET_VAL：状态返回参数，采用字格式。

- RECORD：本地数据区，长度应与在 STEP 7 中所配置的长度一致，并且只能采用 Byte 格式。

将编写好的 OB1、SFC14、SFC15、DB1 及 DB2 分别下载到两个从站当中。同时为了避免从站断电时导致主站停机，应向主站下载 OB1、OB82、OB86 及 OB122 等程序块。

10.6　习题

1．RS-485 和 ES 232C 在通信速率、通信距离和可连接的站数等方面有什么区别？

2．什么是半双工通信方式？

3．PROFIBUS 由哪 3 部分组成？

4．DP 从站有哪几种类型？智能从站有什么特点？

5．点对点通信需要配置什么硬件？

6．A 站和 B 站的 MPI 地址分别为 2 和 3，在 A 站的 OB35 中调用发送功能 SFC68 "X_PUT"。编写程序，将 A 站的 IW521～IW542（16 字）发送到 B 站的 MW100～MW130 中。

参 考 文 献

[1] 胡健. 西门子 S7-300 PLC 应用教程[M]. 北京：机械工业出版社，2007.

[2] 崔坚. 西门子 S7 可编程序控制器——STEP7 编程指南[M]. 北京：机械工业出版社，2007.

[3] 崔坚. 西门子工业网络通讯指南（上册）[M]. 北京：机械工业出版社，2004.

[4] 崔坚. 西门子工业网络通讯指南（下册）[M]. 北京：机械工业出版社，2005.

[5] 柴瑞娟，陈海霞. 西门子 PLC 编程技术及工程应用[M]. 北京：机械工业出版社，2007.

[6] 廖常初. S7-300/400 PLC 应用技术[M]. 北京：机械工业出版社，2005.

[7] 胡健. 西门子 S7-300/400 PLC 工程应用[M]. 北京：北京航空航天大学出版社，2008.

[8] 廖常初. S7-200 PLC 基础教程[M]. 北京：机械工业出版社，2007.

[9] 陈瑞阳. 工业自动化技术[M]. 北京：机械工业出版社，2011.

[10] 吴丽. 西门子 S7-300 PLC 基础与应用[M]. 北京：机械工业出版社，2011.

精品教材推荐

CPLD/FPGA 应用项目教程

书号：ISBN 978-7-111-50701-7

定价：35.00 元　　作者：张智慧

推荐简言：

☆ 9 个典型任务实施，逐步掌握硬件描述语言和可编程逻辑器件基本设计方法

☆ 结合硬件进行代码调试，全面理解 CPLD/FPGA 器件的开发设计流程

☆ 多个实践训练题目，在"做中学、学中做"中培养 EDA 核心职业能力

太阳能光伏组件制造技术

书号：ISBN 978-7-111-50688-1

定价：29.90 元　　作者：詹新生

推荐简言：

☆江苏省示范性高职院校建设成果

☆校企合作共同编写，与企业生产对接，实用性强以实际太阳能光伏组件生产为主线编写，可操作性强

☆采用"项目-任务"的模式组织教学内容，体现"任务引领"的职业教育教学特色

西门子 S7–300PLC 基础与应用　第2版

书号：ISBN 978-7-111-50675-1

定价：36.00 元　　作者：吴丽

推荐简言：

☆语言简捷、通俗易懂、内容丰富

☆实用性强、理论联系实际，

☆每章有相关技能训练任务，

☆突出实践技能和应用能力的培养

电工电子技术基础与应用

书号：ISBN 978-7-111-50599-0

定价：46.00 元　　作者：牛百齐

推荐简言：

☆内容编写条理、理论分析简明，通俗易懂，方便教学。

☆注重技能训练，突出知识应用，结构完整，选择性强。

☆简化了复杂理论推导,融入新技术、新工艺

S7–300 PLC、变频器与触摸屏综合应用教程

书号：ISBN 978-7-111-50552-5

定价：39.90 元　　作者：侍寿永

推荐简言：

以工业典型应用为主线，按教学做一体化原则编写。通过实例讲解，通俗易懂，且项目易于操作和实现。知识点层层递进，融会贯通，便于教学和读者自学。图文并茂，强调实用，注重入门和应用能力的培养。

电力电子技术　第2版

书号：ISBN 978-7-111-29255-5

定价：26.00 元　　作者：周渊深

获奖情况：普通高等教育"十一五"国家级规划教材

推荐简言：本书内容全面，涵盖了理论教学、实践教学等多个教学环节。实践性强，提供了典型电路的仿真和实验波形。体系新颖，提供了与理论分析相对应的仿真实验和实物实验波形，有利于加强学生的感性认识。

精品教材推荐

工厂电气控制与 PLC 应用技术

书号：ISBN 978-7-111-50511-2

定价：39.90 元　　作者：田淑珍

推荐简言：

　　讲练结合，突出实训，便于教学；通俗易懂，入门容易，便于自学；结合生产实际，精选电动机典型的控制电路和 PLC 的实用技术，内容精炼，实用性强。

物联网技术应用——智能家居

书号：ISBN 978-7-111-50439-9

定价：35.00 元　　作者：刘修文

推荐简言：

　　通俗易懂，原理产品一目了然。内容新颖，实训操作添加技能。一线作者，案例讲解便于教学。

单片机与嵌入式系统实践

书号：ISBN 978-7-111-50417-7

定价：37.00 元　　作者：李元熙

推荐简言：

　　采用先进的工业级单片机芯片（飞思卡尔 S08 系列）。"理实一体化"的实践性教材。深入、全面的给出工程应用的大量实例。丰富完善的"教、学、做"资源。

变频技术原理与应用　第3版

书号：ISBN 978-7-111-50410-8

定价：29.90 元　　作者：吕汀

推荐简言：

　　变频技术节能增效，应用广泛。学习变频技术，紧跟科技进步。图文并茂，系统、简洁、实用。

Verilog HDL 与 CPLD/FPGA 项目开发教程

书号：ISBN 978-7-111-31365-6

定价：25.00 元　　作者：聂章龙

获奖情况：高职高专计算机类优秀教材

推荐简言：

　　本书内容的选取是以培养从事嵌入式产品设计、开发、综合调试和维护人员所必须的技能为目标，可以掌握 CPLD/FPGA 的基础知识和基本技能，锻炼学生实际运用硬件编程语言进行编程的能力，本书融理论和实践于一体，集教学内容与实验内容于一体。

EDA 基础与应用　第2版

书号：978-7-111-50408-5

定价：26.00 元　　作者：于润伟

推荐简言：

　　标准规范的 VHDL 语言；　应用广泛的 Quartus II 软件；　采用项目化结构、任务式组织；　配套精品课、教学资源丰富。